# 教师应该知道的脑科学

## WHY THE BRAIN MATTERS: A TEACHER EXPLORES NEUROSCIENCE

[英] 乔恩·提布克（Jon Tibke） 著
王乃弋 朱旭东 等 译

教育科学出版社
·北 京·

# 译者序

《教师应该知道的脑科学》一书即将出版，本书的主要翻译者王乃弋老师建议我写一个序言，刚开始说实话有点为难，原因在于，翻译此书之前，我对脑的研究几乎一无所知。因为要翻译这本著作，我开始学习与脑、心智和教育有关的著作，开始阅读与脑相关的文献。我试图了解人脑的机制，了解人脑研究的进展，更重要的是，了解脑和脑研究的成果与教育的关系。通过学习教育神经科学、认知神经科学、人脑教育、心智与脑、心智与认知……，我发现不同学科在使用同一个英语概念的时候汉语翻译还不一样，如英语brain 翻译成汉语有脑、大脑等译法，它又常与英文 mind 一起使用，mind 在心理学领域被翻译为思维、心智，在哲学[①]领域被翻译为心灵，心灵哲学（philosophy of mind）主要研究意识和意

① 在马克思主义人学中，马克思在谈到人的自由而全面发展的教育时用了 mental education 这个概念，我们现在把它译成“智育”，回到马克思的本意，可以把它直译为“心的教育”（见《教育学的探究》第 54 页，瞿葆奎编著，人民教育出版社 2004 年版）。英语的 mind 与 heart 既相同又不同，heart 翻译成汉语是心、心脏。

向性等哲学层面的问题，同时这两个英文概念也常与英文 cognition 一起运用，cognition 在汉语中被翻译成认知。brain、mind、cognition 都在认知心理学（cognitive psychology）的逻辑里，这就需要搞清楚它们之间的关系。显然，教师了解脑科学时，理解它们之间的逻辑关系是前提。有意思的是，与教育联系在一起时，brain、mind 和 education 常常是并置的，这似乎也暗示了它们三者之间的相互联系。

脑科学这个领域的研究成果很多，与教育有关的翻译成果也不少，从国外翻译过来的著作在有关脑的概念上通常介绍得很复杂。这些著作大多以脑科学研究中的学习研究为主要内容，因此在介绍教育神经科学理念的时候，往往是以学习的逻辑来阐述相关议题的。这只体现了教育逻辑中的儿童或学生逻辑，距离教师、课程和教学、环境（包括学校、家庭、社区以及相关制度等）逻辑还是有些远。如此看来，这本书的引进、翻译存在其独特的意义，因为它是专为教师写的。在我看来，教师在了解脑科学时至少要理解教育与脑的关系，这一关系包含两个方面：一方面，教育在脑发育上要发挥积极作用，我们称之为脑智发育[①]；另一方面，脑本身既是学习脑或教育脑，又是促进学生学习和发展的重要生物学基础。这对于教师来说是一个非常必要的知识基础，而本书恰好是写给教师的关于脑科学的书。由此，我从教育的角度写这个序言就具有了正当的理由。

教师学习脑、认识脑、理解脑，并把脑科学知识

① 我们将脑智发育、脑疾病的教育干预（如儿童自闭症、抑郁症等的干预）和教育人工智能（简称教育类脑）并称为教育的“三脑”。

运用到教育教学中以实现上述两个方面的作用，体现了时代的需求。过去我们在研究学习和教育的时候，主要依据教育学、教育心理学，但从生物学角度研究学习和教育时，所得到的观点却有很大不同。例如，从生物学角度看学习是人脑在外部刺激的作用下构筑神经网络的过程，而教育是对各种神经网络的构筑进行调控的过程。这就意味着，学习和教育与脑科学有着紧密的联系，基于脑科学的理论深入理解、研究学习和教育显得十分必要而紧迫，从这个角度来说，本书的出版很及时。当然，对于教师而言，将脑科学知识运用到教育中应该是一件日常的事，脑科学知识最终将走出实验室，走进教与学的真实场景。基因、睡眠、营养、运动、阅读、游戏、父母陪伴、同伴交往以及学校氛围等都是促进儿童脑智发育必不可少的因素，教师需要通过对脑科学知识的了解，在日常教育教学中加强这些意识，并将其渗透在儿童成长的活动和学习中。我相信，“教师知道脑科学”是一种素养，这种素养一旦具备就会在日常的教育教学中发挥积极作用。

这本书也没有忽视学生视角这一显著的教育逻辑，提倡学生也应该掌握一定程度的脑科学。向儿童介绍科普化的脑科学知识是帮助儿童从整体上认识自我的一条重要途径。如果儿童从认识自我开始，对于自己的身体有更充分的了解，特别是对自己的脑有一定的认识，那么，在面对自身成长过程中使用脑的挑战时，尤其是在面对妨碍或损害脑智发育的一些外在力量时，儿童就可以更好地做出判断和抉择，不会盲目地接受外界干扰，成为无辜的受害者。从这个角度来说，培养儿童用脑能力对于教师是一种价值上的追求。

“教师知道脑科学”最终还应该在课程实施和教学过程中体现。从有关文献中可以看到，数学、语言、科学、音乐、运动等不同学科的学习与脑同样具有两方面的关系：一方面，脑是学科学习的基础；另一方面，学科学习促进脑智发育。但这两方面的关系究竟是如何建立的？尤其在线下、线上、混合等不同教学模式的课堂上它们通过什么机制真正有效地建立？教师在课堂教学常态化环境下进行这方面的探索至关重要，这种探索确实需要脑科学的知识来支撑。

脑科学的应用不仅要体现在教师的课堂教学中，还应该体现在学校的环境创建上，本书对学校如何参与和影响脑科学研究的问题进行了回答。学校环境的创建不仅要基于脑科学知识，更重要的是实际起到促进儿童脑智发育的作用，这是脑科学应用的应有之义。

本书初稿的翻译工作由王乃弋老师和我组织研究生共同完成，他们是：李赫辰（第 1 章）、田瑞（第 2 章）、代玺文（第 3 章）、张宇（第 4 章，致谢）、静鑫凡（第 5 章）、肖金昕（第 6 章，前言）、严梓洛（第 7 章）、王晓（第 8 章，索引）、李昕阳（第 9 章）、黄晓婷（第 10 章）。王乃弋老师对全书各章节进行了细致而专业的统稿，以其丰富的脑科学领域的翻译经验使得本书最终成稿，在此，我代表团队对她表示由衷的敬佩和感谢。本书的翻译和出版过程得到了教育科学出版社刘明堂主任、赵琼英编辑和王瑞编辑的大力支持，在此，我也对出版社同仁在选择本书翻译出版的过程中所体现出来的专业能力表示感佩并表达诚挚的谢意。最后，任何一项翻译工作都有遗憾，希望读者们不吝指教。

朱旭东

2021 年 8 月 13 日

# 前　言

一位朋友听说我在写这本书时曾问我："你是神经科学家吗？"不，我当然不是神经科学家，我是一名教师。教师如果想要从有关学与教的神经科学中获益，并主动参与教育神经科学的研究，就需要站在教师的角度去理解问题和难题。而且，教师还需要理解神经科学家如何对"教育"进行概念界定。我写本书的目的是将我认为的教育神经科学中的一些重要问题和难题呈现给读者，并从教师的角度加以论述，我以教师群体为本书的主要受众。当然，我也非常希望本书的观点能够引起教育神经科学家们的兴趣。我希望他们能够包容我在科学理解上的局限性，将注意集中在本书提出的各种问题和可能性上。当然，这并不是说本书提出的所有观点都是全新的。

本书的观点或许并不新颖，但在一些方面却不同于很多我读过的教育神经科学书籍。例如，本书没有安排"脑科学入门"的章节。这些知识可以在其他更专业的书中找到。本书的多个章节引用了这一类专业书籍。我认为大多数教师并不需要掌握大量的神经解剖学知识，因此，只有当这些知识成为理解本书的必要前提时我才对其进行介绍。凡是涉及神经解剖学知识的章节末尾，均附有一个简短的术语表。术语表旨在为读者提供向导，便于感兴趣的读者进一步探索。

教育神经科学乃至整个神经科学都有一个令人生畏的特点：每天都有大量研究涌现出来。显然，任何一本书想要讨论海量的研究都不太现实，有必要对这些研究保持高度的选择性。另外，还有许多令人激动的新研究、意义重大的已有研究和高水平的研究者本书未能涵盖，我希望读者能在本书提供的指引下继续深入探索。

在撰写本书的过程中，我越来越清楚地认识到，神经科学的发现尚未推动我们走进全面的教学改革，只有通过合作，这种改变才能慢慢发生。教师在考虑神经科学的教育意义方面扮演着关键角色。我希望本书能为教师提供鼓励和支持，同时也为这一充满了合作的领域中的教育神经科学家提供更多视角。

# 致　谢

我要感谢：

世哲（Sage）出版公司的詹姆斯（James）和黛安娜（Diana）的建议、支持和鼓励。

前同事詹姆斯·伯奇（James Burch）朴实的教育灵感及其对几章初稿的看法。

当我坚持同时写作本书和我的博士论文时，我的博士生导师理查德·麦格雷戈（Richard McGregor）教授、巴里·海默（Barry Hymer）教授和保罗·坎马克（Paul Cammack）博士给予我的一如既往的支持和耐心。

埃伦（Ellen）、帕特里克（Patrick）、杰米（Jamie）、罗布（Rob）和波皮（Poppy）对我在整理写作思路时的各种想法的耐心倾听，以及他们的聪明才智。

我的妻子海伦（Helen）给予我的无限支持和耐心。

所有与我分享过有关脑科学的想法和疑问的教师。

# 目　录

# 第 1 章

# 你为什么需要了解关于脑的知识

在本章我们将：

- 思考当前对教师有潜在价值的关于脑的知识
- 审视这些关于脑的知识提出的问题和难题
- 看看本章以外还有哪些章节也探讨了这些问题

2 本章将探讨这样一个问题：教师为什么需要了解关于脑的知识？别忘了，几个世纪以来，很多优秀的教师对脑知之甚少，甚至一无所知，这种情况延续至今。最近一些研究结果显示，科学家、教师以及大众过去对脑的一些认识是完全错误的。然而，反过来看，掌握最新的、准确的脑知识这件事本身并不能让任何人成为伟大的教师。正如第 4 章中提到的，目前教师和公众仍然持有很多关于脑的模糊和错误信息，而且其中相当一部分人实际上都是非常优秀的教师。

## 关于脑的研究

现如今我们生活在一个快速发展、满载科技与信息的时代。尽管如此，如果教师行业选择忽视有关人体最复杂的器官——脑的不断增长的研究（哪怕这些研究结果需要被谨慎对待），那么这对教育而言就不仅是愚蠢的，而且会导致其错失良机。为了整合神经科学研究的众多分支，以及这些研究试图回答的关于脑的海量问题，欧盟从 2013 年开始启动人脑计划（European Union’s Human Brain Project），美国也提出了“使用先进革新型神经技术的人脑研究”（Brain Research Through Advancing Innovative Neurotechnologies，BRAIN）议案，这两项计划都有雄厚的财政支持。这体现了神经科学为健康和教育领域带来的愿景和希望。

这绝不是说跟进这些研究是一件容易的事，因为脑科学的研究极其复杂、专业化，并且充满只有专业人员才熟悉的术语。我们不能指望工作繁忙的教师有时间或足够的专业知识去钻研脑科学研究，很多时候，尽管对科研成果开放存取（open access）的支持越来越多，这些研究对教师或大众来说仍然不是那么容易接近。即便这种情况得到了改善，尝试钻研脑科
3 学研究的教师仍时常感到沮丧，因为这些研究很少给出能够直接应用于课堂的结论。很多研究的出发点并不是为教育领域提供支持，它们可能与健康等其他领域更相关，或者仅仅旨在增加人们对脑结构和加工过程的理

解。例如，有相当一部分研究都在探讨与痴呆和阿尔茨海默病相关的脑功能障碍。很多研究距离在实验室之外的应用还有很长的路要走。举近期的一个例子，加州大学洛杉矶分校（University of California, Los Angeles）、加州大学圣地亚哥分校（University of California, San Diego）和纽约伊坎医学院（Icahn School of Medicine, New York）的研究人员开发了一个程序，用来研究构成老鼠脑内**神经递质**（neurotransmitter）的化学物质的活动。目前已经能够观察到神经递质在**突触活动**（synaptic activity）中的放电现象，但观察不到化学物质在突触活动前后的变化。研究人员发明了一种能够“实时感知特定神经递质释放”的“细胞探测器”，使研究人员能够看到这些化学物质在突触活动前后的变化。美国化学学会（American Chemical Society）在一篇新闻稿（引用日期：2016 年 8 月 22 日）中指出，与巴甫洛夫关于狗的经典实验的原理相同，老鼠学会了将铃声与糖的出现关联在一起。刚开始老鼠只有在吃到糖时才会分泌与奖赏相关的神经递质**多巴胺**（dopamine），然而一旦老鼠学会了铃声与糖之间的关联，多巴胺就会伴随铃声出现，从而使老鼠在对糖的期待中出现与奖赏有关的脑活动。这篇新闻稿提示，从长远来看，研究者或许能进一步弄清学习是如何发生的，这将有助于理解和治疗成瘾。这些研究的最终目的是当人脑在学习过程中出现功能障碍时，找到调节神经递质的方法。值得一提的是，美国化学学会的会议摘要中并没有提出上述展望，而是将焦点放在寻找能够观察到神经递质的**神经调质**（neuromodulator）的方法上。当我们从教育的角度审视研究课题时，首先要认识到很多课题的研究对象都是老鼠和其他物种，我们无法确定在老鼠和其他物种的脑中观察到的加工过程是否与人脑中的相同，我们也无法确定在任何两个物种之间脑的加工过程是否相同。

## 4 关于脑的报道

上面提到的这个复杂例子向我们展示了一个根本难题，它也指向本书的第一个目的：如果教师不能理解研究的本质含义，甚至无法识别哪些研究可能具有重要意义，那么他们就很容易受到一些报道的误导，这些报道过于简化并夸大了很多复杂的、带有试验性质的研究结果，教师们需要知道在哪里可以找到有关这些研究的可靠报道。这就是第 5 章的主题，这一章还讲到新闻媒体如何偏爱有关脑的精彩故事，以及新闻工作者的放纵如何成就了第 4 章介绍的关于脑的迷思。例如，《泰晤士报》（*The Times*）曾利用一些现在看来已经过时的有关猴子镜像神经元的研究，来解释为什么英国人对本国奥运选手在 2016 年里约奥运会上取得奖牌的成就如此津津乐道（Appleyard，2016）。显然，镜像神经元让英国民众相信是他们自己赢得了奖牌，这样他们自己也成了奥运奖牌榜挑战赛的一部分。这则报道受到了来自神经科学网络的揶揄和指责，然而很多看过这则报道的人并不熟悉这些网络。我们的教师可以自由选择阅读内容，因此他们跟普通大众一样可能读到对科学研究的错误解读，或者与研究本身无关的错误结论。此类信息绝不限于任何特定类型的新闻媒体，在大小报及其电子版、视频渠道、网上论坛和一系列网站上都能见到。这些有关科学研究的错误论断必然会进入专门针对教师行业的书籍和网站。教育是一个广大的、竞争激烈的市场，给教育产品贴上“基于脑”的标签往往具有难以抵抗的诱惑，因为它为产品及其所倡导的学习和教学方法带来了科学权威的印象。然而，由此带来的风靡一时的课堂策略后来往往被发现建立在有限的、错误的甚至根本不存在的研究和证据之上。这种情况有时会引发人们的冷嘲热讽，例如活跃的推特（Twitter）账号 TeachersToolkit 在 2016 年 7 月曾发问：“接下来教师又会在什么上面浪费时间？”与此同时，我们也应该看
5 到，当教师和他们所在的学校能够跳出对一种新方法常见的最初反应，客观地评价这些所谓“基于脑”的策略的实际作用和长期效果时，教师便常常能够从这些风靡一时的做法中获得经验。“基于脑”这个术语本身就值

得商榷：什么形式的学习不是基于脑的呢？有时这个术语反映了人们为学习和教学方法寻找神经科学依据的努力，在这种语境下，“基于脑”的说法是合理的；但在另一些情况下，这个术语被用来为一些方法赋予并不存在的科学权威性，这种做法就是不负责任的。

## 教师：批判性消费者

鼓励批判性是本书的第二个目的。我认为，教师选择忽视脑在学与教过程中所起作用的时代已经过去，因为当前的研究涉及面很广，所以学校和教师需要成为“批判性消费者”（Sylvan & Christodoulou，2010）。这种批判性包括认识到神经科学的非目的论性质——我们不应该期望神经科学成为理解学习和教学的一站式的、唯一的资源。由于我对这一主题的兴趣，教师们告诉我，我在未来的某个时候将处于令人羡慕的“拥有所有答案”的位置上。这当然不是事实，神经科学永远只是帮助我们理解学习和教学的众多学科之一。作为学习者和教师，我们不只是一个个脑，也不只是“执行控制器”——至少大脑**皮质**（cortex）经常被描绘成此。“执行控制器”的说法是众多值得商榷的类比中的一个。这些类比虽然有助于我们的理解，但同时也带来了不准确的概念维度，因为人脑既不是一台计算机，也不是一块肌肉。最初提出这些类比的人并没有说人脑是计算机或肌肉，他们只是进行了类比，而这些类比在传播的过程中发生了扭曲。

我们的脑并非总是用最有效的方式做出反应，例如一场高风险的考试
即便在准备充分的学生中也会引发恐慌，人们对学龄儿童心理健康状况的 6
担忧日益增加。然而，我们可以教学生去理解在这些情况下他们的脑中发生的一切，并教会他们如何使用心理和生理策略来缓解恐慌或有害的思维模式。妮古拉·摩根（Nicola Morgan）在一本写给青少年的书《怪我的脑》（*Blame My Brain*）中，明确承认“我不是一名科学家”，并在众多专家的指导下为青少年提供了进一步的指导。本书第 3 章探讨了学生需要的关键

信息和资源，我们将在该章探讨是否应该接受摩根的书名的言外之意，同时也会探讨对学生有用的脑科学信息和资源。

## 学校：研究参与者

鼓励学校和教师了解神经科学（以及与本书相似的书籍）的第三个重要原因是，不管是否愿意，学校、教师和学生必然是研究的一部分。这不仅仅是成为研究对象的问题，而是像约翰·吉克（John Geake）所希望的那样，学校、教师和学生应该“为神经科学的研究提供与教育相关的问题”（Geake，2009，p. 189）。这一目标带来了一些重大挑战，尤其是在促进两个领域形成共识和共同语言方面。埃德伦博世等人（Edelenbosch et al., 2015）探讨了两个领域之间的合作面临的困难，此外还有大量研究关注教育与神经科学之间的界限和桥梁。目前很少有研究以学校的学生班级作为研究对象。其中一个原因是有关儿童脑的研究引发了很多伦理问题，除去参与这类研究可能获得的称赞之外，这类研究不太可能为学校提供支持以缓解学校直接面临的责任压力，相反，它们很可能被已经超负荷运转的学校工作人员视为额外负担。

尽管如此，英国学校对脑科学研究的兴趣仍与日俱增。学校的兴趣主要
7 在于找到证据支持某种特定的学与教的方法对学生的学习效果能够产生积极影响，以便进一步在各个学校的不同背景下展开试验。由教育捐赠基金会（Education Endowment Foundation）资助的研究型学校项目（The Research Schools Project）正是采用了这一思路。教育捐赠基金会与维康信托基金会（Wellcome Trust）合作，在 2014 年资助了六个尝试在学校开展的研究项目。关于教育神经科学研究者与教育工作者如何开展有效的合作，还有很多值得探讨的地方。安德森和德拉·萨拉（Anderson & Della Sala，2011）曾指出这种合作关系离发展充分还很遥远，并认为神经科学家与教师之间的“互动”几乎总是以前者自视比后者高出一等的形式存在（p. 3）。

## 从实验室到教室

事实证明，合作的困难并不仅仅体现在这些领域之间的关系上。一些已有文献展示了其他方面的困难，这些文献试图将神经科学转化为课堂上的有用策略。这里需要指出，下面的讨论列举了一些书籍来阐明这一困难，但并不是说这些书籍是拙劣的书籍。恰恰相反，它们每一本都有值得一读的内容，都是我曾经迫切想得到和阅读的书籍。第一本是帕特·沃尔夫（Pat Wolfe）的《脑的重要性：将研究转化为课堂实践》（*Brain Matters: Translating Research into Classroom Practice*）。书的第一部分介绍了脑功能和结构的相关知识，第二部分介绍了感觉输入和信息存储。尽管其中一些内容在今天会有不同的说法，但这两个部分在当时是准确的。第三部分就有问题了，这部分试图将“教学方法与脑的最佳学习方式”相匹配。从这里开始，作者很少再提及第一和第二部分的内容，这表明要同时讨论课堂策略和脑科学知识实际上是非常困难的事。读者可能会有这样的感觉，该书第三部分提到的观点可以成功地付诸实践，但与前两个部分之间少有关联，甚至完全无关。

沃尔夫的这本书最有价值的部分可能是前言，她在其中提出了一些重
要的问题和思考。她提醒有志于将神经科学的发现带进课堂的人们保持谨 8
慎，因为“教育工作者有跟风的习惯”（p. v）。她还准确指出尽管我们对脑的了解还很有限，但是“直到所有的研究都完成之后才开始考虑研究如何影响课堂实践的做法是愚蠢的”（p. v）。无论如何，我们很可能永远等不到所有的研究都完成，即使真有那么一天，我们也不会知道。值得称赞的是，沃尔夫指出自己的书“包含的告诫多于确定的答案”（p. viii）。

特蕾西·德库哈马－埃斯皮诺萨（Tracey Tokuhama-Espinosa）在《心智、脑与教育科学》（*Mind, Brain, and Education Science*）一书中展示了她对大量研究的深入理解，以及她对脑科学领域许多重要人物的研究背景和专业兴趣的丰富知识。她的主张和建议具有充分的文献基础。对那些从教育的角度对脑科学感兴趣的人来说，这本书绝对值得一读。然而，首先引

发疑问的是该书的副标题：基于脑的全新教学综合指南（*A Comprehensive Guide to the New Brain-based Teaching*）。如前所述，“基于脑”的说法引发了越来越多的争议，因为任何形式的学习都离不开脑，而这种说法包含了一种危险的暗示，即脑科学最终会是解决所有与学习和教学相关的问题的“钥匙”。正如我在本书中多次提到的，脑科学只是众多“钥匙”中的一把，而不是一站式的解决方案，无论现在还是将来，它都无法凌驾于所有其他有关教育过程的理论和认识之上。

同沃尔夫一样，德库哈马 – 埃斯皮诺萨认为，她所说的 MBE 科学［心智（mind）、脑（brain）与教育（education）科学］能够很好地帮助我们鉴别最优秀的教师的哪些做法为他们带来了成效：“我们可以用 MBE 科学从神经科学上解释为什么很多案例中优秀教师的做法有效。”（p. 205）这句话中的限定条件很重要：德库哈马 – 埃斯皮诺萨指出这些解释是“神经科学上的”，因此很可能不代表所有的学习经验；MBE 科学解释了“很多案例”，意味着还有另一些有效的做法是 MBE 科学无法解释的。总的来说，她的言外之意是我们（在神经科学上）对学与教的理解越多，就越容易理解为什么有些策略有效、有些策略无效，也更了解如何设计新的策略和干预方案。

9 德库哈马 – 埃斯皮诺萨还提供了一个基于神经科学的“优秀教师应遵循的 21 项原则”（p. 206）。这 21 项原则中有一些很有价值的说法，例如：

> 7. 优秀教师知道 MBE 科学**适用于所有年龄阶段的学生**。
> 17. 优秀教师知道学习的基础是记忆和注意。
> 20. 优秀教师知道学习包含了有意识和无意识的过程。

在第 21 项原则中，我们或许可以解释“神经科学的目的论”问题：

> 21. 优秀教师知道学习需要调动整体的生理机能（身体影响

脑，脑控制身体）。

但也有一些说法可能需要进一步的限定条件，例如：

12. 优秀教师知道挑战促进学习，威胁抑制学习。

这一说法假定教师能够识别什么是最佳的挑战水平，并且，尽管我认为学生不应该受到威胁，但有证据表明一定程度的压力是一种激励因素。

德库哈马－埃斯皮诺萨不仅将这些原则一一列举出来，还引用充分的证据讨论了每一项原则。我发现这 21 项原则可以有效促进教师发展部分的讨论。

沃尔夫和德库哈马－埃斯皮诺萨都提出，教师需要对脑的功能和结构有一个基本的了解，才能读懂与学习和教学有关的脑科学文献，她们都提到，对脑科学文献的理解反过来有助于提高教师的批判性，避免教师盲目跟风。德库哈马－埃斯皮诺萨为有神经解剖学知识的教师提供了一个有趣的案例，帮助他们理解为什么孩子们在需要用到相似技能的任务上会出现困难。她引用阿吉里斯等人（Argyris et al., 2007）及卡西尼克和基 10
亚雷洛（Kacinik & Chiarello，2007）的研究，举了一个语言方面的例子。引用的两项研究表明，拼写单词和运用比喻涉及不同的神经网络。德库哈马－埃斯皮诺萨指出，认识到这一点可以帮助教师理解为什么同一个孩子可以在语言的一个方面表现很好，而在另一个方面表现欠佳。德库哈马－埃斯皮诺萨的书还对阅读、数学和创造力等关键学习技能所涉及的心智功能进行了深入的细分（参考她对阅读的讨论）。

## 教育神经科学

值得注意的是，在神经科学的研究中存在着一个以教育为导向的分支——教育神经科学，霍华德－琼斯（Howard-Jones，2008a）也将它称为神经教育学研究。第 2 章和第 3 章所讨论的内容部分是来自这个领域的研究结果。例如，我们已经增加了对早期脑发育的“关键期”的理解，而萨拉－杰恩·布莱克莫尔（Sarah-Jayne Blakemore）等研究人员专门研究青少年的脑发育。布莱克莫尔的研究在很大程度上改变了人们对青春期面临的挑战的看法，在以往青春期主要受荷尔蒙影响的主流观点中引入了脑发育的维度。剑桥大学精神病学系的一个研究小组利用 300 名 14—24 岁青少年的脑部扫描数据，探讨了哪些脑区在这个年龄阶段里发生了最显著的变化，并开始确定这些脑区的发育与精神疾病易感性之间的联系，尤其是精神分裂症（Whitaker et al.，2016）。正如戈尔曼（Goleman，2013）所指出的，青少年时期的脑除了经历我们通常期待的一般发育外，比以往任何时候都更迅速地适应环境变化，尤其是通过广泛接触信息技术和社交媒体。2016 年，包括《纽约时报》（*The New York Times*）、《太阳报》（*The Sun*）和《每日邮报》（*Daily Mail*）在内的媒体纷纷刊登了令人震惊的夸张报道，声称青少年使用 iPad 正在导致科技成瘾（addiction to
11 technology）。这基于一种错误的逻辑：因为海洛因、可卡因等成瘾物质会导致所谓的快感神经递质多巴胺的释放，而使用 iPad 也会导致多巴胺的释放，所以，iPad 也会使人上瘾。事实上，很多活动都会导致多巴胺的释放。我正从打字中得到很大的满足感，因此我也很可能正在“享受”多巴胺带来的快感，然而我确信我对这台电脑没有上瘾。希比特（Hibbitt，2016）在你的脑健康（yourbrainhealth）网站上发表的文章（引用日期：2016 年 9 月 4 日）中，用既科学准确又幽默风趣的语言解释了这些报纸报道的失实之处。在英国，保罗·霍华德－琼斯（Paul Howard-Jones）教授一直在探索教育者如何有效利用人脑的奖赏系统，并专门研究了多巴胺的作用。詹姆斯·祖尔（James Zull）采用了另一种研究思路，追踪了人脑从一个生物体到一个功能完备的脑的发育过程，其中也涉及与教育相关的敏感期问题（Zull，2011）。本书的第 6 章讨论了对中小学阶段的学校教育而言，这些神经科学的发现提供了哪些与年龄有关的发展方面的启示。

## 特殊学习需要 / 障碍

上述剑桥大学的研究可以帮助我们了解青少年精神疾病的风险因素，
而来自神经科学的其他证据正在帮助我们了解特殊的学习需要。这呼应了
我在前面提到的观点：增进对教育困难的理解能够极大地帮助我们设计干
预措施，制定学习和教学策略。在自闭症方面，坦普尔 · 格兰丁（Temple
Grandin）的研究大大增进了我们对自闭症的理解。此外还有大量研究正
在探索自闭症的各种潜在成因。和格兰丁一样，芭芭拉 · 阿罗史密斯 – 扬
（Barbara Arrowsmith-Young）也从个人视角撰写了关于教育需求的文章。
她们对自己及自己的脑的理解对我们颇有启发。就格兰丁而言，她的脑无
疑是世界上被扫描最多的脑之一，因为多年来她一直是新的**成像**技术试验
的自愿参与者和受欢迎的被试。第 8 章讨论了她们的故事，这些故事是有 12
力的证据性资料，同时也为我们提供了一个并不经常出现在科学研究文献
中的人性化的视角。第 9 章探讨了神经科学帮助我们理解特殊教育需求的
其他例子。学习的一些方面已经受到了大量研究的关注，尤其是数学学
习、读写能力的发展、母语和第二语言的习得以及音乐能力的发展。教师
们提出的一个相关问题是：神经科学对教师的行为能否提出一些有用的
建议？

## 医学成像技术

1996 年，正处于美国的“脑的十年”期间，埃里克 · 詹森（Eric Jensen）撰文写道：“脑科学研究的爆炸性增长对现有的学习和教育范式形成了威胁。”（Jensen，1996，前言部分）今天，在詹森的观点发表多年之后，人们仍能读到类似的预言。虽然所谓的“威胁”并没有像詹森暗示的那样大范围出现，但神经科学毫无疑问在不断地帮助我们深入了解脑的复杂性。尽管存在炒作和市场营销滥用的问题，但是教育神经科学在揭

示神经科学发现的重要性方面正在发挥越来越重要的作用。使很多研究成为可能的医学成像技术在功能和精度上都有了巨大的发展。还记得 20 世纪 80 年代，我所在的当地医院筹集资金购买了一台计算机轴向断层扫描仪（computerised axial tomography, CAT）。从那时起，一系列功能更强大、精度更高的医学成像设备帮助我们以更高的空间（脑激活的位置）和时间（脑激活的时间）分辨率日益深入地观察脑。你可能听说过功能性磁共振成像（fMRI）或正电子发射断层扫描（PET）；你可能也听说过经颅磁刺激（TMS），甚至 DIY 版经颅磁刺激的危险性（你学生中的网络游戏狂热者很可能需要注意这一点——参见第 3 章）；但你可能还没有听说过弥散张量成像（DTI），或光学成像中使用的近红外技术，小泉秀彦（Hideaki
13 Koizumi）热切地试图通过这种技术了解脑如何加工生物学或数学等学科概念以及爱与恨等概念。

教师或许不需要非常熟悉这些具体的成像技术，或者掌握大量的神经科学术语，但是——尽管詹森提到的脑科学革命尚未发生——我们至少有了充分的科学证据从神经生物学上证明哪些是最有效的学习和教学方法，同时我们也在教育心理学、认知心理学和儿童心理学等科学工具之外，收获了一种进一步发展教育学的工具。

## 教师教育

2015 年，由英国教育部委托、安德鲁 · 卡特（Andrew Carter）主持、针对英国职前教师教育的评论文章《卡特评论》（Carter Review）指出，有必要在教师培训方案中正式重新引入儿童发展："建议 1e：儿童和青少年发展应被纳入职前教师教育（initial teacher training，ITT）内容框架。"（Carter，2015，p. 9）如果这项建议的实施没有考虑神经科学中有关儿童和青少年发展的研究结果，那将是一个极大的疏忽。在《卡特评论》发表之前，霍华德 – 琼斯（Howard-Jones，2008b）就神经科学在教育中的作用做了许多预测，包括对 2025 年将出现的情况的预测，也包括对 2025 年之后将出现的情况的预测。无论时间进程如何，《卡特评论》和霍华德 – 琼斯的预测都暗示，实习教师需要一个框架来理解神经科学的可能性和局限性。这样一个框架也有助于教师发展批判性思维，以及识别伪科学、识别引用无关研究作为证据的错误论断（如本章前面提到的《泰晤士报》的例子）。正如保罗 · 霍华德 – 琼斯所做的那样，我们只能推测一名正处于长达 35 年甚至更长时间的教育职业生涯开端的教师在其职业生涯后期的职业状态将会如何。

本书第 10 章介绍了未来脑科学与教育相关的问题。其中一个受到普 14
遍关注的问题是遗传学，更准确地说是行为遗传学在未来教育中可能发挥的作用，尤其是在帮助学校和家长预防潜在的教育困难方面。教师们倾向于认为这是一个有争议的话题，这确实带来了一系列的伦理问题，但与神经科学一样，这也是教师需要了解的一个领域。科瓦斯等人（Kovas et al., 2013）回答了自己提出的问题——“关于遗传学，人们需要知道些什么？”（p. 78）在回答这个问题的过程中，他们指出人们不是必须成为专家才能理解来自遗传学或神经科学的重要基本信息，后面我还会提到这一点。事实上，神经科学家也在尝试采用脑发育图等形式提供发展性指导（Kessler et al., 2016）。保罗 · 霍华德 – 琼斯指出，很快我们的学校或学校团体的职员队伍将会需要一种新的混合型专业人员，这类人员既有教育方面的专业训练和知识，也有他所说的“神经教育研究”方面的专业训练和知识。假设你所在的学校有一个专门小组要任命一名这样的专业人员，在这种情况下，学校绝对需要深入了解教育神经科学的相关问题。目前大多数学校声称自己所了解的远远不够。尽管当前学校可能不会像这样直接任命双背景人员，但如本章前面描述的那样，很多学校正在培养负责参与研究并让同事了解研究情况的人员，还有一些学校正在与大学开展合作项目，项目包括神经科学和认知心理学的内容。例如由维康信托基金会和教育捐赠基金会资助的项目：**青少年睡眠**（Teensleep）、反直觉概念学习（Learning Counterintuitive Concepts）、高效学习（Fit to Study）、分散学习（Spaced

Learning)、利用脑的奖赏系统(Engaging the Brain's Reward System)、游戏化学习(GraphoGame Rime)。在随后的章节中我会逐一提到这些项目,以及其他采用各种方法将神经科学与教育结合在一起的项目。

读完这篇导论之后,你可能会被吸引到特定的章节,也可能选择继续阅读第 2 章。这两种做法都是可行的,我努力在各章之间建立起联系。有
15 一件事我决定不去做,那就是专门写一章来介绍脑的功能和解剖结构,我更想把注意力集中在教师关心的关键问题上。本书的目的是帮助教师探索教师参与神经科学研究(或神经科学家参与教育)的可能性和将面临的问题,而不是帮助任何人应对一场神经生物学的考试。当然,有些章节的内容也需要教师具备一定的脑结构和功能的知识来帮助理解,因此我在每章的末尾都提供了一个简短的术语表。那些希望以这种方式更深入探索脑科学的读者,我推荐你们进一步阅读本书在各个部分提到的重要参考资料。

**总结 · 练习 · 思考**

- 列举本章提到的教师需要了解脑和教育神经科学的主要理由。
- 你个人对这些理由有什么想法?
- 你会如何把这些理由告诉你的一个同事、一群同事或者你所在学校的全体职员?

## 术语表

**皮质**(cortex):器官的外层,就脑而言是折叠的灰质,也被称为大脑皮质(cerebral cortex)。

**多巴胺**(dopamine):一种神经递质(见"神经递质")或化学"信使",由多个脑区的神经元释放,与运动、注意、动机和奖赏有关。

**成像**(医学成像,神经成像)[imaging(medical imaging, neuroimaging)]:逐渐增多的用于检查和探索身体和脑的技术。

最常用于脑的是功能性磁共振成像（fMRI）、计算机断层扫描（CT）、正电子发射断层扫描（PET）、脑电图（EEG）、脑磁图（MEG）、近红外光谱（NIRS）、经颅磁刺激（TMS）和弥散张量成像（DTI）。

**神经调质**（neuromodulator）：神经调质降低或增加神经元的兴奋性， 16
控制神经递质释放的速度。与神经递质不同的是，它们可以影响与神经调质并不相邻的神经元。它们的作用时间比神经递质长。例如内啡肽和强啡肽一类的阿片肽都属于神经调质。

**神经递质**（neurotransmitter）：通过突触释放的（见“突触活动”），支持神经元或神经细胞之间的信号传递的化学“信使”。例如多巴胺、乙酰胆碱、去甲肾上腺素（也称正肾上腺素）、γ-氨基丁酸（GABA）和血清素。后二者是抑制性神经递质，它们会抑制而不是提高与其交流的神经元的兴奋性。

**突触活动**（synaptic activity）：动作电位（神经冲动）在神经元之间以化学或电的形式进行传递。突触是指一个神经元的轴突与另一个神经元的树突之间的间隙。电突触涉及神经元之间的直接接触，而在化学突触中，神经递质则通过突触间隙进行交流。

## 参考文献


American Chemical Society (2016) Watching thoughts – and addiction – form in the brain. Available at: www.acs.org/content/acs/en/pressroom/newsreleases/2016/august/watching-and-addiction-form-in-the-brain.html (accessed 25.8.16).

Anderson, M. and Della Sala, S. (eds) (2011) *Neuroscience in Education: The Good, the Bad and the Ugly*. Oxford: Oxford University Press.

Appleyard, B. (2016) We cheer the golds because in our heads we're the ones who won them. *The Times*. Available at: www.thetimes.co.uk/article/we-cheer-the-golds-and-goals-because-in-our-heads-it-is-us-who-have-won-them-8spcj2lpn (accessed 1.9.16).

Argyris, K., Stringaris, N. C., Medford, V., Giampietro, M. J., Brammer, M. and David, A. S. (2007) Deriving meaning: Distinct neuronal mechanisms for metaphoric, literal and non-meaningful sentences. *Brain and Language* 100(2): 150–162.

Carter, A. (2015) *Carter Review of Initial Teacher Training (ITT)*. London: Department for Education.

17 Edelenbosch, R., Kupper, F., Krabbendam, L. and Broese, J. E. (2015) Brain-based learning and educational neuroscience: Boundary work. *Mind, Brain and Education* 9(1): 40–49.

Geake, J. G. (2009) *The Brain at School*. Maidenhead: Open University Press.

Goleman, D. (2013) *Focus: The Hidden Driver of Excellence*. London: Bloomsbury.

Hibbitt, O. (2016) Dopamine: The cause of digital addiction? Available at: yourbrainhealth.com.au/dopamine-cause-digital-addiction/ (accessed 6.9.16).

Howard-Jones, P. (2008a) *Introducing Neuroeducational Research*. Abingdon: Routledge.

Howard-Jones, P. (2008b) Potential educational developments involving neuroscience that may arrive by 2025. *Beyond Current Horizons*, December.

Jensen, E. (1996) *Brain-based Learning*. Del Mar, California: Turning Point.

Kacinik, N. and Chiarello, C. (2007) Understanding metaphors: Is the right hemisphere uniquely involved? *Brain and Language* 100(2): 188–207.

Kessler, D., Angstadt, M. and Spripada, C. (2016) Growth charting of brain connectivity and the identification of attention impairment in youth. *JAMA*

*Psychiatry* 73(5): 481–489.

Kovas, Y, Malykh, S. and Petrill, S. A. (2013) Genetics for Education. In: Mareschal, D., Butterworth, B. and Tolmie, A. (eds) *Educational Neuroscience*. Chichester: John Wiley.

Morgan, N. (2013) *Blame My Brain*, 3rd ed. London: Walker Books.

Sylvan, L. J. and Christodoulou, J. A. (2010) Understanding the role of neuroscience in brain based products: A guide for educators and consumers. *Mind, Brain, and Education* 4(1): 1–7.

Tokuhama-Espinosa, T. (2011) *Mind, Brain, and Education Science*. New York: Norton.

Whitaker, K. J., Vértes, P. E., Romero-Garcia, R., Váša, F., Moutoussis, M., Prabhu, G., Weiskopf, N., Callaghan, M. F., Wagstyl, K., Rittman, T., Tait, R., Ooi, C., Suckling, J., Inkster, B., Fonagy, P., Dolan, R. J., Jones, P. B., Goodyer, I. M., the NSPN Consortium and Bullmore, E. T. (2016) Adolescence is associated with genomically patterned consolidation of the hubs of the human brain connectome. *Proceedings of the National Academy of Sciences* 113(32): 9105–9110.

Wolfe, P. (2001) *Brain Matters: Translating Research into Classroom Practice*. Alexandria, VA: ASCD.

Zull, J. E. (2011) *From Brain to Mind*. Sterling, VA: Stylus Publishing.

第 2 章

# 关于脑你应该知道些什么

在本章我们将：

- 探索丰富的关于脑的知识
- 提供实例帮助教育工作者了解这些知识
- 探讨脑科学教学的辅助资源

19 正如第 1 章提到的，关于脑的知识正以日益加快的速度增长，无限的未知领域等待被探索，快速发展的技术使探索更高效。本章之后的章节将从教育的角度探讨其中一些知识的特定含义。本章将重点介绍相对而言更广泛的脑的知识，这些知识严格基于当前的研究和理解，对所有教育工作者的专业知识都会是有益的补充。本章的很多主题在后面的章节会再次出现。

如前所述，很多关于脑和教育的书籍在这里会出现一章有关脑的解剖结构的内容，以作为整书的基础，这一章通常充满神经科学的语言，复杂程度可深可浅。而我基于多个原因，选择不这样做。首先，有很多关于脑的优秀书籍和资源远比本书更胜任这一任务，本书在其他章节中引用了其中的一些书籍和资源。其次，在本书真正需要读者进一步了解脑结构和功能的地方，我也提供了相关知识。最后，基于我的研究，我对此的个人看法是，很多教师并不希望从脑的科学复杂性出发开始了解，一些教师认为自己在科学方面的基础有限，或者工作太忙而没有时间去钻研科学，这些教师可能都无法从这部分受益。无论对科学的理解程度如何，教师都有必要了解教育神经科学的问题和争论。就我个人而言，我对提高自身脑科学知识所面临的挑战深感兴趣，且我的背景领域是教育。从某种意义上说，这是我为教师写本书的一个优势，因为我熟悉教师和课堂，了解英联邦四国当前教育政策的方向及要求。

现在，我们来探讨有关脑的 10 个重要知识点。

## 1. 生理特征

首先，脑是一个极其复杂的器官，它所消耗的物质资源远远超过了它在整个身体中所占的物理空间的比例。它有着大约八九百亿个神经元，每
20 个神经元可以跟其他神经元建立上百万个联结，它们消耗了近 20% 的可用碳水化合物和液体。由此看来，很有必要关注以下问题：我们学生的饮

食结构如何？学生的饮食如何影响脑活动？学生的饮食还影响了哪些方面？越来越多的证据表明，脑受肠道活动的影响。

## 2. 持续性发展

脑经过童年期和青少年时期的发育变得“完整”，然后保持不变，直到中老年时期开始出现加工速度和容量的下降，这种观点容易被大众理解和接受。然而事实上，脑无时无刻不在随着经验发生变化，无论这种经验的获得是有意识的还是无意识的。经验改变了脑的生理结构。这个改变的适应过程既包括建立新的联结，也包括剪除一些废弃的突触联结。这种现象通常被称为**神经可塑性**（neuroplasticity）。一些学习理论，如卡罗尔·德韦克（Carol Dweck）的自我理论（self-theories）或固定型与成长型思维模式（mindset），正是使用了神经可塑性作为其理论的依据。神经可塑性不是无限度的，但也不是完全可预测或量化的。因此，我经常质疑使用“发挥潜能”“实现潜能”一类的说法来描述学生进步的合适性，因为我们无法明确地知道每个学生的潜能是什么，或者学生及其学习能力在未来将如何发展。如果能把遗传学的知识（参考第 10 章）与神经科学结合起来，或许有助于我们在未来对潜能做出更可靠的预测，然而这样的预测也绝不会是完美的、不容置疑的。与此同时，我们必须记住，神经可塑性也受消极经验和错误概念的影响，因为所有的经验都会以某种形式改变脑。希尔格等人（Hilger et al., 2017）指出，智力，即他们所说的“一种用单一指标衡量个体行为和认知表现整体水平的心理构念”（p. 1），不仅依赖于个别脑区的功能，还依赖于不同脑区之间的交互作用。他们指出，有些人在这
些脑区网络的发展上可能存在先天优势，但系统地参与认知训练任务也会 21
对脑区网络的发展起到一定的作用。正如德韦克对神经可塑性的观点一样（第 8 章中探讨的芭芭拉·阿罗史密斯－扬的书中也有相同观点），如果能为个体提供适当的挑战性环境和锻炼机会，我们有理由相信智力不是“固

定的”，脑区可以发展变化，脑区之间的交互作用同样可以发展变化。我们唯一无法确定的是在每个特定个体的身上这种发展变化的程度如何。这牵涉有关学生分层分流的永恒争论，以及使用学生过往的学业表现来预测其未来成就存在的风险。

## 3. 关键期?

关于脑的发育过程中存在**关键期**（critical periods）的观点在 21 世纪得到了新的关注。人们之前已经接受了关键期的概念，即特定的学习经验和发展必须在某一时期内发生，错过这一时期特定学习将不再发生。而近期的观点是，最好用**敏感**（sensitive）期来描述这些时期，因为尽管它们是某些方面的脑发育的重要时期或最有利的时期，但它们并不是唯一时期。例如，到了某个年龄段，某些知识或技能就无法习得了，这种说法是不准确的。或许除了母语之外，如果某种知识技能变得更难学习，那么这就不仅源于脑的结构发展，也源于环境、文化和心理因素。

目前有明确证据表明，人脑在成年期并不会持续衰退，而是能够在特定的脑区产生新的神经元并建立新的联结，这一发现为上述观点提供了依据。目前已知能够产生新神经元的脑区之一是**海马**（hippocampus），它是构建记忆的重要脑区。神经科学家迈克尔 · 梅尔泽尼奇（Michael Merzenich）指出，导致老年人脑机能衰退的主要原因是学习需求的减少，而不是老龄化本身，这一看法颇具影响力［参考梅尔泽尼奇 2013 年的书
22 《软连线：脑可塑性的新发现如何改变你的生活》（*Soft-wired: How the New Science of Brain Plasticity Can Change Your Life*）］。梅尔泽尼奇谈到了脑适能文化，认为它与身体健康一样重要。约翰 · 雷泰（John Ratey）的书探讨了这两种文化之间的关系，即“运动与认知功能之间直接的生物学联系”（Ratey & Hagerman，2010，p. 43）。

## 4. 新生儿脑

如果教师想要理解青少年时期的脑发育，最好对脑的早期发育也有所了解。教育工作者需要清醒地认识到一点：脑在发育早期对任何语言及主流文化规范的学习都是高度敏感的。这再次表明了环境的重要性。事实上，这在出生前就开始了，婴儿在子宫里就能探测到声音，这时一系列的脑发育已经发生了。

新生儿脑消耗约 60% 的可用能量，而成人脑消耗约 25% 的可用能量。婴儿脑的体积在 1 岁时平均达到成人脑的六成左右，并且比成人脑拥有更多的神经联结。

早在婴儿说出第一个单词之前，**颞上回（布洛卡区）**［superior temporal gyrus（Broca's area）］和**小脑**（cerebellum）等语言相关的脑区就出现了预备性的变化。库尔等人（Kuhl et al., 2014）发现这些脑区能够对语音做出反应，且到 11 个月左右时，这些脑区对母语有更强的反应。

哺育和抚触有助于增强婴儿脑神经元之间的联结。卢比等人（Luby et al., 2012）已经证实，母亲的哺育和抚触可能导致儿童在 7—9 岁时拥有更大的海马。他们假设，来自任何主要抚育者的哺育和抚触都能达到同样的效果。

当教师意识到自己照料的某个孩子在婴幼儿时期没有得到主要抚育者的细心呵护时，这无疑是令人痛心的，哪怕仅仅通过对新生儿脑的粗浅探索，我们也很容易得知这种剥夺肯定是有害的。尽管这种伤害有一部分是不可逆的，但仍存在很大的改进空间。在我自己的研究中，教师提过这一 23
点，并谈到对神经可塑性的了解，使他们对那些经历过忽视和创伤的儿童的未来发展有了进一步的希望，也有助于维持教师继续教育这些孩子的动力。这里我必须承认，很多学科的专业人士都在致力于增加青年人的生存机会。

## 5. 联结的重要性

脑的每个功能都以一个特定脑区为基础，这就是“模块化功能”（modular functionality）的概念，这个概念受到了“分布式加工”（distributive processing）概念的挑战，后者认为脑的功能是由多个脑区组成的网络实现的。目前神经科学家认为这两个概念都有意义，因为特定脑区可能具有专门功能，但它们并不单独发挥作用，而是与其他脑区协同工作。这一认识表明，右脑型个体创造性较高、左脑型个体组织性和逻辑性较强的说法是不合时宜的。**胼胝体**（corpus callosum）的存在提供了数百万个在脑两个半球之间来回的联结，这进一步反驳了脑二分法的概念。这是值得教育者注意的，因为如果一个教师持左右脑人格特质的观点，那么他/她就有可能从自己学生身上找到支持性的证据。这样一来，这位教师对学生在某些学科领域的发展潜力的期望值就会降低，因为这些学科领域与该学生的左右脑人格特质不匹配。因此，教师可能期待一个“右脑型学生”在艺术而不是科学领域有更好的发展。除了艺术和科学以及创造性和逻辑性在彼此存在中所发挥的作用对脑的二分理论提出了挑战，当前来自神经生物学的证据也完全颠覆了这一理论。

## 6. 智力训练

关于脑的证据增加了我们对有效练习和重复学习的理解。现在我们
24 能够观察到**髓磷脂**（myelin）——一种由水、脂肪（脂类）和蛋白质组成的物质——如何在神经元**轴突**（axons）周围形成一层涂层，即所谓的“白质”。髓磷脂的存在大大提高了电脉冲沿轴突传递的速度，如果髓磷脂不足，身体就会出现严重疾病。最常见的例子是多发性硬化（multiple sclerosis，MS），即脑和脊髓中的髓鞘退化导致的一系列精神和身体功能障碍。如果神经通路经常被使用，这一使用过程就能被探测到并导致**髓**

**鞘化**（myelination）的增加。髓鞘化的速度在成人脑中相对缓慢，在儿童和青少年的脑中则快得多。髓鞘化部分解释了有关学习和技能发展的理论背后的生理机制，例如经常被提到的“一万小时定律”即与此生理过程有关。“一万小时定律”的说法可追溯到 K. 安德斯 · 埃里克森（K. Anders Ericsson），尽管他声称自己说的是一个平均水平，且从来没有提出过这样的定律（Ericsson，2012）。另外一些学者也在不同的背景下用不同的方式提出了这种观点，例如马修 · 赛义德（Matthew Syed）的《弹跳：天赋的神话与练习的力量》（*Bounce: The Myth of Talent and the Power of Practice*），马尔科姆 · 格拉德韦尔（Malcolm Gladwell）的《异类：不一样的成功启示录》（*Outliers: The Story of Success*）。另外，约翰 · 米顿（John Mighton）的《能力的神话：培养每个孩子的数学天赋》（*The Myth of Ability: Nurturing Mathematical Talent in Every Child*），以及卡罗尔 · 德韦克探讨固定型思维和成长型思维的相关成果，则从教育的角度提出了这种观点。

## 7. 记忆

记忆也与髓鞘化有关，采用复述的学习策略会导致髓鞘化的增加。每一次复述都会加强相关细胞之间的相互作用，髓鞘化就开始了。然而，复述作为一种学习和记忆策略有其局限性，当学习者感到厌倦时，它的功效就会降低。除复述之外，有效记忆还需要精细化等其他策略。梅迪纳（Medina，2008）认为，通过费力地复述形成的记忆在一生中的影响要小于付出较少努力形成的记忆，例如通过好奇心和兴趣形成的记忆。教育界关于记忆的讨论常常在传统观点与自由主义观点之间形成两极分化：传统观点赞成死记硬背和复述，其他方法则被归在自由主义旗帜之下。在我看来，这样的对立是无益的，我认为记忆策略应该多样化，人们应根据记忆的内容来选取最有效的策略。为什么不把这些方法结合起来呢？娴熟的教师也可以让死记硬背变得充满乐趣。

已有确凿证据表明，睡眠在记忆的形成和保持中起重要作用（例如：Rasch & Born，2013；Walker & Stickgold，2006）。此外，舍瑙尔等人（Schönauer et al., 2017）已经证实快速眼动睡眠和非快速眼动睡眠都在这一过程中都发挥了重要作用。其中，非快速眼动睡眠中的慢波睡眠阶段对长时记忆任务的表现至关重要。

## 8. 首席执行官

前额叶皮质（prefrontal cortex，PFC）经常被授予脑"首席执行官"的称号。在有关学习、决策以及青少年脑与成人脑的区别的讨论中，前额叶皮质受到越来越多的关注。前额叶皮质是最后一个发育成熟的脑区，直到 25—30 岁才能发育成熟。鉴于这一点，我们对高年级学生的期望是否应该有所不同？教师应该如何在高年级学生中培养成熟的、类似成年人的行为反应？我们将在第 6 章讨论这些问题。

## 9. 生活方式因素

前面我们简要地探讨了睡眠和练习对脑功能和脑发育的重要性，当然睡眠和练习对于人的整体健康也是必不可少的。不仅睡眠，营养、环境和其他生活方式因素对良好的脑功能和脑发育都至关重要。教师向我提出的一个相关问题是：同伴关系如何影响脑发育？一些研究探讨了"社会脑"。就青少年群体而言，舍曼等人（Sherman et al., 2016）研究了社交媒体如何影响青少年的脑。他们指出，社交媒体上的"点赞"会带来奖赏回路反应，这种反应随着"点赞"数量的增加而增强。舍曼等人发现了一个值得深思的现象：这种奖赏回路反应常常是由匿名同伴引起的，这种新的同伴互动形式是以前不存在的。他们发现，已有较多“点赞”的照片很可能得到更多的“点赞”，青少年的脑对得到很少“点赞”的照片和得到很多“点赞”的照片的反应不同。舍曼等人指出，鉴于青春期是社会认知发展的关键时期，这些发现可能具有重要意义。

## 10. 信息接收前台

丘脑（thalamus）、伏隔核（nucleus accumbens）和杏仁核（amygdala）影响了我们对输入信息的反应方式，其中杏仁核的作用最大。杏仁核可以引导我们进入对刺激做出粗略反应的“低通路”（lower pathway），例如对危险或威胁刺激做出反射性的反应，但也可以引导我们进入“高通路”（upper pathway），依靠大脑皮质做出更理性的分析、决策和行动。理解这一点并认识到两者之间的差异，可以很好地帮助我们在压力下做出积极的反应。元认知在这方面非常重要。

第 4 章将更深入地探讨以上 10 点中的部分内容，第 9 章将从特殊技能发展的角度重新审视其中一些内容。

## 教师谈脑

教师和大众经常通过类比或比喻来谈论脑。我自己也一样，例如我在讨论上面的第 10 点时。在对教师的采访中，我发现有一些通用的类比经常被使用，最常见的是将人脑比作计算机、将人脑比作肌肉、灌溉脑中的种子，以及“小径”（footpaths）这些说法。另外还有很多其他的类比或比喻。很明显，我们谈论脑的方式反映了我们对脑的看法以及随之采取的行动。很多教师都习惯使用类比或比喻，它们往往有助于理解。我之所以提出这一点，是因为我想就如何看待脑提出一些告诫。爱泼斯坦

27 （Epstein，2017）坚持认为，计算机类比以及“存储”“处理”等词的使用是有问题的。他甚至指出，这些说法阻碍了我们的深入理解，它们仅仅反映了我们当今时代技术发展的水平，就像工业时代的人有时把脑当作一台机器来讨论一样。

类比或比喻无疑是非常有用的，但也可能让人产生误解，并且有的类比或比喻后来被证明是错误的，例如我们在第 4 章讨论的左右脑或二分脑的观点。通过脑与其他事物明显的相似之处来描述脑，似乎是一个寻找语言来传达意义的简单问题。比较理论认为这的确是语言问题。但是，莱考夫和约翰逊（Lakoff & Johnsen，1980）在其关于比喻的经典著作中，提出了一种截然不同的观点。他们认为比喻不仅作为一种方便的语言存在，还为思想和行为搭建了框架。把学生的脑想象成计算机会如何影响我们的教学或我们对学习过程的感知？这是一个具有挑战性的问题。

这引发了一个更具挑战性的问题：教师应该如何谈论脑？我们应该指望教师具备必要的科学素养，采用神经科学的术语来谈论脑吗？这似乎不太现实，那么教师如何才能避免被一些用神经科学语言包装的教育主张误导，并成为西尔万（L. J. Sylvan）和克里斯托杜卢（J. A. Christodoulou）建议的那种批判性消费者（见第 1 章）？我们也许可以从霍华德 – 琼斯（Howard-Jones，2008）的建议中找到部分答案，即学校需要培养一种混合型的专业人才，其专业知识同时包括教育和脑科学，而不是指望所有的教师都去学习关于脑的科学语言和知识并达到相对专业的水平。这可能正是目前一些学校所设的首席研究员职位（the research lead position）的部分职责。

然而，有些学校可能会觉得这是他们目前负担不起的奢侈品，而且一些观察人士，例如鲍尔斯（Bowers，2016）也声称，目前这不是一项好的投资，将来也不会是。因此，这场争论的范围比人们最初想象的更广，它不仅涉及教师应该知道哪些关于脑的知识，还涉及教师到底有没有必要了解这些知识这一根本问题，正如鲍尔斯所抗议的那样。鲍尔斯的观点概括
28 起来如下：与神经科学相比，心理学才是与教育相关的关键学科，因为只

有可识别的行为变化（例如学习者当前会做什么或知道了什么）才能够表明学习的确发生了，而功能性磁共振成像一类的脑扫描结果并不能告诉我们学习是否发生了。重要的是行为的变化，而不是脑内部的变化，无论后者多么令人着迷。鲍尔斯坚称，依靠脑科学提不出任何学习或教学策略。

在我看来，简单地说教师不需要脑科学是有问题的，因为这是只有教师自己才可以做出的决定，为此他们需要可靠的知识，并理解争论背后的含义。此外，正如第 1 章提到的，没有人能够或者应该让教师远离脑科学。跟进最新的脑知识并不仅仅是为了改善教和学的策略。我同意鲍尔斯的一个观点，那就是我们对脑科学变革课堂的潜力给予了过高过多的期望。丹尼尔·威林厄姆（Daniel Willingham）关于认知的书在教师中很受欢迎，他曾在推文上提出了类似的担忧："谈论脑科学有望对教育产生影响的文章，似乎是有关该主题的实证性文章的三倍。"当然，鲍尔斯和威林厄姆提出的问题是警语，而不是抛弃脑科学的理由。

## 给你的学生讲授脑知识

如果我们认为有必要让儿童和青少年拥有一些脑科学知识，那么我们就应该思考一下教师怎样才能为这种努力准备资源。这与我们将在第 6 章讨论的跟进可靠的知识来源和研究略有不同。这里我们将考虑课堂上能够使用的资源，并从在线资源开始。

一个需要预先考虑的问题是，一些面向教师和公众的关于脑的资源和信息是被简化过的，作者为了使信息易于理解而使其过于简化，有时甚至使其变得不准确。人们总是要求教师采用可靠的知识来源，但正如第 1 章 29
提到的，有时要确定哪些来源可靠、哪些来源不可靠并不是一件容易的事。具有讽刺意味的是，一些最不可靠的知识来源有时会不遗余力地把自己包装得可靠而振奋人心。本书的一个作用就是缩短教师寻找资源的时间，提醒他们注意一些资源所具有的优势，同时也不要忽视这些资源的局限性。

## 网络课程“脑科学”

我们先从网络课程“脑科学”（Brainology）开始，该课程起源于Mindsetworks.com 网站，卡罗尔·德韦克和她的研究助手莉萨·布莱克韦尔（Lisa Blackwell）是该网站的联合创始人。很多读者都很熟悉她们有关思维模式（mindset）的论著，这些论著受到了学校的高度关注，既有热情的支持者，也有激烈的批评者。简单来说，思维模式理论基于这样一个前提：个体的思维模式要么倾向于固定型，要么倾向于成长型。固定型思维模式的个体相信智力和能力是天生的特质，个人的努力只能对其产生有限的影响。成长型思维模式的个体相信智力和能力是可塑的特质，德韦克利用脑能随经验发生改变这一事实作为支持这一观点的部分证据。她在很多地方都使用过“脑就像一块肌肉”的说法［我在 2014 年伦敦奥西里斯思维模式会议（the London Osiris Mindset Conference）上听她这样说过，在她的诸多论著中也能找到这种说法］。这种说法当然是指脑跟肌肉一样会对恰当的练习做出反应。思维模式理论的一个重要背景在于，个体相信自身的能力以及这些信念可能产生的自我实现效应对我们每一个人来说都具有重要意义。

在德韦克和布莱克韦尔相信她们的“成长型思维模式”系列工作坊获得成功之后，她们就开始挑战关于个体学习能力的传统观念，开发了网络课程“脑科学”，以便将这些工作坊的内容带给更广泛的受众。最初，“脑科学”由六个在线模块组成，通过这些模块，“学生学习脑的知识，并了解如何让脑更好地工作”（Dweck，2008，p. 4）。

这个课程是互动式的，它设计了动画人物以带领学生学习，并特别展
30 示了他们在学习过程中遇到的挑战和困难。课程中融入了趣味和幽默的
元素以提升学习者参与学习的动机，课程的目标受众是 8—14 岁的儿童。Mindsetworks 公司网站在 2008 年发布的一份报告中提出的“脑科学发展路径”（Brainology Growth Process）是这样的：

脑科学＋学习技能＝动机和成就

我可以进步—我知道如何进步

课程最初包含六个单元，现在变为四个。其中第一单元介绍了“脑的基础知识”，包括脑需要什么，脑如何通过感觉器官收集信息，不同脑区有何作用，并开始探索学习是如何发生的。第一单元提示我们，通过不同感觉器官进行的学习对脑的使用更多。

第二单元“脑的行为”，介绍了神经元、神经元如何建立联结，以及脑如何对情绪和威胁（例如焦虑）做出反应。

第三单元“脑的建构”采用成长型思维模式所提倡的原则，探索了智力为什么不是固定不变的，并且实践了“脑使用得越多，其功能发展得越好”。

第四单元“脑的助推器”探索了记忆及其策略，以期提高记忆效果。

所有四个单元都为学生提供了反思和自测的环节——“知识考察”“知识练习”“知识应用”，另外在每个单元开始之前还有“知识链接”环节，目的是激活学生的先前知识。课程同时为儿童和教师提供了学习辅助材料。

“脑科学”课程从这套方案出发，进一步发展为针对家庭的课程、针对希望借助“脑科学”课程在校园里构建成长型思维模式文化的学校领导的课程、针对想要树立成长型思维模式的个人的 Mindsetmaker 课程、现场培训（live training）课程，以及 Schoolkit 课程的家庭版。

正如人们所料，该网站刊登了许多来自学生和教师的正面评价。阅读这些评价的确很有趣，学生们的一些重要评论反映出，学习该课程在很大程度上已经改变了他们对学习的信念和态度。比起英国市场，这类课程也许更适合美国市场，而且，它作为商业性培训机构的课程当然是要收费的。在一些英国学校，特别是小学，可能很难在全班实施这类课程，因为课程要求每个学生都在个人台式电脑或笔记本电脑上学习。正如我们将在第 3 章中讨论的那样，还有一个问题是：在拥挤的课程安排之下，我们还能为“脑科学”一类的课程挤出多少时间？一些人认为学习态度的改善将极大地补偿在该课程上花费的时间，而另一些人则建议采用更便宜、更方便的形式来传授思维模式信息和有关脑的支持性证据。“脑科学”课程真正获得的成功是：实现了思维模式信息与生物学的协同作用，并使用了多种媒介来实现这一目标。相比之下，很多“儿童学习脑知识”一类的网站都只提供了文本信息，有时，提到脑的组成部分却没有呈现任何图片，而是借助免费的优兔（YouTube）视频。对于希望在思维模式上做些投资，并通过传授脑功能和发育的知识来提高学生的进步水平和成就的教师和学校来说，“脑科学”课程至少在某些方面是值得考虑的。

## “儿童脑科学”网站

“脑科学”课程持续关注支持成长型思维模式的脑知识，华盛顿大学“儿童脑科学”（Neuroscience for Kids）网站的埃里克·查德勒（Eric Chudler）则采取了完全不同的方法。尽管已经有很多针对学龄阶段儿童的脑科学网络资源，“儿童脑科学”网站仍在其中非常突出。它没有假设儿童能够理解哪些信息，或不能理解哪些信息，而是提供了一个巨大的资源库，里面有详细的脑知识、课程计划、游戏和其他活动，以及对一系列问题的探索。例如，该网站讨论了将脑类比为计算机的恰当与不当之处，以及有关健脑类药物——所谓的“聪明药”的问题。下面的主目录列出了该网站内容的 10 个领域，每个领域都可以展开一个很长的子目录。主目录为我们展示了以下主要领域：

32 脑科学的世界

脑的基础知识

高级功能

脊髓

外周神经系统

神经元

感觉系统

方法与技术

药物影响

神经和精神疾病

虽然探索这个网站可能要花一定的时间，但有兴趣为学校准备适合学生但又相对准确的脑科学知识的教师会发现这是一个非常有用的网站，同时它也有助于有兴趣了解更多知识的学生进行进一步的探索。

## 脑科学公共信息网站“Brainfacts.org”

“Brainfacts.org”最初是由卡夫利基金会（Kavli Foundation）、盖茨比慈善基金会（Gatsby Charitable Foundation）和神经科学学会（Society for Neuroscience）共同创建的一个公共信息网站。该网站也提供活动、课程计划、网络工具和文章，其中一些内容是由神经科学学会提供的，一些内容来自其他渠道，这些内容涵盖了大量的脑知识：从脑的初学者指南与交互式 3D 模型，再到详尽的“全部主题”菜单，应有尽有。“教育工作者适用”部分包含了大量供教师思考的内容，同时包含了英国神经科学协会（British Neuroscience Association）和神经科学学会特地为英国教师创建的一个资源库（“英国中学脑科学教学资源”）。这个网站里包含了本书探讨的一些问题，例如伊利诺伊州立大学的文章《基于（未基于）脑的教育：误解和误用神经科学研究的危险》[ Brain-(not) Based Education: Dangers of Misunderstanding and Misapplication of Neuroscience Research ]。总的来说，尽管年龄较大的小学生也能够正确理解部分专业术语以及与其他类型的媒介共同呈现的文字解释，但该网站的大部分材料还是更适合中学生。

33

“Brainfacts.org”的一个有趣特色是它的“联系神经科学家”部分。2018 年 2 月，该网站在一个支持对全球的神经科学家进行搜索的数据库中，列出了来自英格兰、苏格兰和北爱尔兰的大学的 15 名神经科学家。这些神经科学家都是神经科学学会的成员，并且都乐意与公众分享自己的专业知识。该网站甚至可以安排神经科学家到中学访问。该网站还提供了“专家咨询”功能，学生可以通过该功能提出自己的疑问。

## 相关书籍

尽管市面上为儿童设计的包含了探索脑的条目的参考书很多，但面向儿童的完全专注于脑科学的书很少。下面我们介绍一些英国最常见的这类书籍，然后介绍一些适合年幼儿童的书籍。

### 《怪我的脑》(*Blame My Brain*)

我们已经在第 1 章谈到了妮古拉 · 摩根的《怪我的脑》。以下评论可能有助于读者基于个人的打算，决定这本书是否值得进一步阅读。

> 这本书已经出到第 3 版，显然吸引了不少读者。它的大部分章节都包含一个虚构的、引人入胜的故事情节，然后从我们了解的青少年脑的角度对故事情节进行解读。这些故事情节一定程度上归功于杰奎琳 · 威尔逊（Jacqueline Wilson）和已故的路易丝 · 伦尼森（Louise Rennison）的小说风格。尽管批评者可能指责这些情节反映了对青少年及其与父母的互动模式的刻板印象，但它们对于很多青少年及其父
> 34 母来说风趣易懂。尽管这本书可能对科学有一定的简化，但它的写作方式让读者明白一点：尽管我们对青少年脑中发生的变化以及这些变化对行为的影响有了越来越多的了解，但是关于这些变化的意义和原因仍然存在不同的理论。我感觉书的标题带一点调侃的意味，会受到

一些评论者的质疑。

### 《我的脑科学启蒙书》(*My First Book About the Brain*)

西尔弗(M. S. Silver)和温(P. J. Wynne)的《我的脑科学启蒙书》(Silver & Wynne, 2013)采用了彩色绘本的形式，其目标读者是 8—12 岁的儿童。这种形式绝不是只有年轻读者才能享受到的,《人脑彩色画册》(*The Human Brain Coloring Book*; Diamond et al., 1985)里将近 300 页错综复杂的神经解剖学细节图就是一例。讽刺的是，除非明确说明脑并不像读者想象的那样丰富多彩，书中用于区别脑组成部分的着色方法可能被视为具有误导嫌疑。西尔弗和温的确指出了脑的哪些部分是灰色的，哪些部分是白色的，脑的任何部分都不是书的封面上的脑所呈现出来的紫色、红色、橙色或绿色。

这本书中的信息对年轻读者来说是准确易懂的。教师知道，当只使用简短的句子时，要保持准确并非易事，正如我们在其他地方已经提到的，对复杂的脑信息进行简化的、还原式的解释是教育神经科学所面临的部分困难。西尔弗和温显然很清楚对这个年龄范围的读者来说，哪些内容是能够被合理解释的，哪些内容最好先不涉及。这本书还成功地避开了我们将在第 4 章讨论的所有神经迷思。

虽然该书的一部分提到了与各种功能有关的关键脑区，例如与感觉功能有关的脑区(pp. 6-7)，但该书确实暗示了不同脑区协同工作的事实，例如用于解释说话过程中的倾听和反应功能的图示。有趣的是，该书谨慎地使用了计算机类比：作者使用计算机类比来帮助读者理解**记忆**概念，但没有暗示脑的工作方式与计算机类似。作者在这里也描述了记忆形成过程中不同脑区之间的相互作用(p. 27)。该书第 26 页上的一句话引发了我的担忧，这句话就是:“你的脑控制你的感觉。它决定了你应该怎样处理感觉。下次你开始微笑的时候，请记住你的脑正在恪尽职守地使你感到快乐。”这让我们回到了“怪我的脑”这一标题，它错误地暗示了我们一个人可能无法控制自己的脑或对其负责。此外，这种说法还有可能进一步暗示，当我们不快乐的时候，脑已经放弃了所谓的“使我们感到快乐”的工作。

对于有兴趣与学生一起探索脑的小学学校而言，这可能是一本很有用的书，它可以因其参考价值而不是丰富的色彩成为教室图书馆里的特色书。与其他同类书广泛使用彩页的做法相比，这本书采用了相当朴实的黑白印刷，并且没有包含任何图片，但这些正是这本书的价格相当优惠的原因。

### 《有关你的脑的一切》( *All About Your Brain* )

这是一本色彩非常丰富的书。它写于 2016 年，2010 年曾以《我的脑子里发生了什么》( *What Goes on in My Head* ) 为名出版过。作者是著名的医生、科学家和主持人罗伯特 · 温斯顿（Robert Winston），一个英国读者很熟悉的人物。温斯顿为大众科学知识的普及做出了巨大贡献，目前仍然担任伦敦帝国学院（Imperial College，London）的科学与社会学教授。

温斯顿的风格和幽默在整本书中表现得淋漓尽致，使得这本 96 页的书图文并茂，信息丰富。作者明确地提出了一些重要观点：尽管知识不断进步，脑依旧是一个未解之谜；我们理解脑的努力是由脑本身来完成的，这是一个发人深省的难题。书中扼要而风趣地介绍了脑研究的历史，从而强调了我们所知的只是我们**迄今为止**所知的，这些知识与我们的前辈曾有的认识一样，将会受到修正甚至否定。这段历史中还包含了许多重要的实验和研究技术。

这本书从脑的视角提出了一些具有挑战性的概念，例如意识、创造力和知觉，其他部分则简要解释了视觉如何工作、记忆如何被建立、身体运
36 动如何被控制、感觉如何与脑一起工作、脑如何管理情绪。书的最后两页大胆地探讨了人工智能、脑机接口等问题，标题分别为“机器能提升我们的脑吗？”和“机器会像我们一样思考吗？”。温斯顿指出，这项工作由“世界上最聪明的人脑”来掌控（p. 92）。

在尚无充分证据和确定性不足的情况下，温斯顿谨慎地使用了虚拟动

词。如第 1 章所述，这在研究领域是常见的情况，但在更流行的媒体中，虚拟动词往往被陈述语气的动词取代，让人对一些试探性的结论产生一种确定的感觉。

### 《欺凌：控制之道》(*Bullying: Taking Control*)

本部分将简要探讨适合年轻人的脑科学书：梅丽莎 · 卡娅（Melisa Kaya）和彼得 · 罗索乌（Pieter Rossouw）合著的《欺凌：控制之道》（Kaya & Rossouw，2016）。正如书名所示，这不是一本关于脑的书，而是一本“试图从神经生物学的视角解决欺凌问题”的书（前言）。作者进一步解释说，他们“不仅热衷于理解欺凌的神经生物学基础，更热衷于帮助年轻人控制和改变他们的脑”（前言）。

这本书采用了练习册的形式，年轻读者可以随时对书的内容记下自己的笔记。尽管存在一些笔误，该书正文的大号手写体仍然很具吸引力。脑可以被视为具有部分“保护性”功能、部分“机敏性”功能这一前提假设有效地澄清了脑功能的这些方面之间的关系，并解释了成为欺凌目标的经历如何造成这种关系的失衡。这本书中没有复杂的神经生物学知识，而是大量使用了灯泡、电路板一类的类比，但这本书的写作目的很有价值，并且无论对个人、社会和健康教育，或对个体辅导工作而言都很有帮助。越来越多的人呼吁关注学校的心理健康问题，我们将在第 6 章讨论脑科学对此有何启示，这本书在这方面做出了有益的尝试。

**总结 · 练习 · 思考**

- 本章哪些内容使你感到惊讶？哪些内容对你目前有关学习和教学的看法提出了挑战？
- 本章对你自己的教学实践有何启示？
- 如果你认为有必要向学生传授脑知识，那么这部分知识应该安排在你的学校课程中的什么位置？你如何判断这样做是否有意义？

- 前面提到的资源可以在哪些方面支持脑知识的教学？
- 你对教师如何思考和谈论脑的问题有何看法？比喻的说法会影响行为吗？

## 术语表

**轴突**（axon）：一个神经元向其他神经元传递信息的神经纤维。

**布洛卡区**（Broca’s area）：脑左侧额叶的一片区域，该区域与语音产生有关，由皮埃尔 · 保罗 · 布洛卡（Pierre Paul Broca）首先发现。

**小脑**（cerebellum）：位于脑后下部的区域，主要负责运动、平衡、协调、运动技能学习和视觉（协调眼球运动）。尚不清楚其在语言和情绪中的作用。

**胼胝体**（corpus callosum）：位于大脑皮质（见第 1 章“术语表”）下方的一大束神经纤维，在大脑的两个（左和右）半球之间传递信息。

**海马**（hippocampus）：位于内侧颞叶，是边缘系统的一部分。它的主要功能与学习和记忆形成、空间导航以及情绪控制有关。这意味着，它可能在情绪触发记忆的过程中发挥了作用。

**髓磷脂**（myelin）**和髓鞘化**（myelination）：髓磷脂是在轴突周围发现的一种脂肪膜，起到绝缘的作用，能加快细胞之间的信号传递速度。髓磷脂生成的过程被称为髓鞘化。



**神经元**（神经细胞）[neuron（neurone, nerve cell）]：脑和神经系统的基本单位。这些细胞专门负责脑与身体之间的信号（消息）传递和接收。

**神经可塑性**（脑可塑性）[neuroplasticity（brain plasticity）]：脑不断建立新联结并重组现有联结的能力。

**颞上回**（superior temporal gyrus）：颞叶上部的脑回（大脑皮质的脊

或褶皱）。它是几个功能区的所在，包括韦尼克区（Wernicke's area）——控制言语和非言语交流的关键脑区之一，以及初级听觉皮质。颞上回在视觉和空间知觉中也发挥了作用。

## 参考文献


Bowers, J. S. (2016) The practical and principled problems with educational neuroscience. *Psychological Review*. Published ahead of print 3.3.16. http://dx.doi.org/10.1037/revoooo025.

Diamond, M. C., Scheibel, A. B. and Elson, L. M. (1985) *The Human Brain Coloring Book*. Oakville, California: Collins Reference.

Dweck, C. S. (2008) Brainology: Transforming students' motivation to learn. *School Matters, National Association of Independent Schools, 21.1.08*.

Epstein, R. (2017) The empty brain. Available at: https://aeon.co/essays/your-brain-does-not-process-information-and-is-not-a-computer (accessed 26.10. 17).

Ericsson, K. A. (2012) The danger of delegating education to journalists. Available at: https://psy.fsu.edu/faculty/ericssonk/2012%20Ericsson%20reply%20to%20APS%20Observer%20article%20Oct%2028%20on%20web.doc (accessed 20.10.17).

Gladwell, M. (2009) *Outliers: The Story of Success*. London: Penguin.

Hilger, K., Ekman, M., Fiebach, C. J. and Basten, U. (2017) Intelligence is associated with the intrinsic modular structure of the brain. *Nature.com, Scientific Reports 7*: article number 16088 (22.11.17).

Howard-Jones, P. (2008) *Introducing Neuroeducational Research*. Abingdon: Routledge.

Kaya, M. and Rossouw, P. (2016) *Bullying: Taking Control*. St Lucia:

Mediros pty Ltd.

Kuhl, P. K., Ramirez, R. R., Boseler, A., Lin, J. -F. L. and Imada, T. (2014) Infants' brain responses to speech suggests analysis by synthesis. *Proceedings of the National Academy of Sciences* 111(31): 11238–11245.

39 Lakoff, G. and Johnsen, M. (1980) *Metaphors We Live By*. Chicago: The University of Chicago Press.

Luby, J. L., Barch, D. M., Belden, A., Gaffrey, M. S., Tillman, R., Babb, C., Nishino, T., Suzuki, H. and Botteron, K. N. (2012) Maternal support in early childhood predicts larger hippocampal volumes at school age. *Proceedings of the National Academy of Sciences* 109 (8): 2854–2859.

Medina, J. (2008) *Brain Rules*. Seattle: Pear Press.

Merzenich, M. (2013) *Soft-wired: How the New Science of Brain Plasticity Can Change Your Life*. San Francisco: Parnassus.

Mighton, J. (2004) *The Myth of Ability: Nurturing Mathematical Talent in Every Child.* London: Walker Books.

Mindset Works (n.d.) Brainology: Transforming Students' Motivation to Learn. (Mindset Works copyright 2008–10). Available at: www.mindsetworks.com (accessed 07.09.18).

Morgan, N. (2013) *Blame My Brain: The Amazing Teenage Brain Revealed.* London: Walker Books.

Rasch, B. and Born, J. (2013) About sleep's role in memory. *Physiological Reviews* 93: 139–166.

Ratey, J. and Hagerman, E. (2010) *Spark! How Exercise Will Improve the Performance of Your Brain*. London: Quercus.

Schönauer, M., Alizadeh, H., Jamalabadi, A., Abraham, A., Pawlizki, A. and Gais, S. (2017) Decoding material-specific memory reprocessing during sleep in humans. *Nature Communications 8*: article number 15404 (17.5.17).

Sherman, L. E., Payton, A. P., Hernandez, L. M., Greenfield, P. M. and

Dapretto, M. (2016) The power of the 'like' in the teenage brain: Effects of peer influence on neural and behavioral responses to social media. *Psychological Science* 27(7): 1027–1035.

Silver, M. S. and Wynne, P. J. (2013) *My First Book About the Brain*. New York: Dover Publications.

Syed, M. (2010) *Bounce: The Myth of Talent and the Power of Practice*. London: Penguin.

Walker, M. P. and Stickgold, R. (2006) Sleep, memory and plasticity. *Annual Review of Psychology* 57: 139–166.

Winston, R. (2016) *All About Your Brain.* London: Dorling Kindersley.

# 第3章

# 学生应该了解的脑知识

在本章我们将：

- 探讨儿童学习脑知识这件事
- 指出当前可能对儿童有益的脑知识
- 激发你思考应该在什么时候、以什么样的方式介绍这些知识

41 如果有确凿理由表明教师应该知道一些有用的、目前看来准确无误的脑知识，那么儿童是否也应该了解一定的脑知识呢？我相信答案是肯定的，下面我先来阐述我的理由，然后再指出哪些脑信息对儿童是有用且适宜的。在你继续读下去之前，你可能需要回顾一下第 2 章提出的 10 个关于脑的重要问题，并问问自己这些问题中有哪些是儿童需要了解的。还有一个问题是，我们应何时、采用何种方式向儿童介绍这些知识。

无论我们是否选择讲授脑知识，在一个随时都能获取快速增长的知识的时代，儿童都会接触脑知识，无论这些知识是否准确和适宜，我们都有理由指出，儿童与成人一样将成为脑知识的市场营销对象。虽然我们无法让儿童提防每一个神经迷思或错误知识，或者让儿童学会理解众多神经科学研究的极端复杂性，但我们至少可以努力提高自身的认识。这种认识涉及学习、发展、（身体和心理）健康的各个方面，以及被媒体夸大其词的观点、“基于脑”的商业主张等。

首先，有证据表明幼儿对脑的认识和理解往往是有限的，或许这不足为奇。马歇尔和科马利（Marshall & Comalli，2012）发现，大多数 4—13 岁的儿童认为脑是用来思考的，他们也把脑看作一种记忆容器。参与该研究的年龄较大的儿童还提到了感觉功能，尤其是“视觉、嗅觉或味觉”（p. 4）。这项研究的第二阶段为年幼被试提供了一段 20 分钟的脑知识课程。马歇尔和科马利随后发现，与其他儿童相比，这些儿童在三周后的第二次评估中更广泛地思考了脑的作用。马歇尔和科马利建议，如果所有教师都能讲授一定的基础脑知识，这可以为人类生物学的学习奠定基础。另一些研究者则认为脑知识对一般的学习具有更重要的意义。

42 其次，对于青少年时期的脑发育，以及这些发育特征与不少青少年（及其父母、照料者和教师）在这一变化时期遇到的困难之间的关系，相关研究越来越多。我们将在第 6 章更详细地讨论这些问题，彼时我们将更全面地了解这一领域研究的进展。

最后，适合学龄期读者，并且写作风格易于年轻人理解的关于脑的信息是有限的。一些英国学校试图从学习的角度探索脑，其中一些学校在这方面卓有成效。例如，在我撰写本书的同时，英国赫里福德（Hereford）的圣玛丽罗马天主教学校（St Mary’s Roman Catholic Schools）开设的learningandthinking.co.uk网站提供了一系列有关神经科学和教育的资源。虽然这个网站上有一些学生不熟悉的科学知识，但它的确努力尝试与青少年学生建立联系。无论如何，这个网站可以帮助学生认识到他们面临的挑战和困难不仅仅是那些“神秘的”青春期荷尔蒙，这对学生而言是一个进步。该网站借鉴了英国最重要的神经科学研究者萨拉－杰恩·布莱克莫尔和保罗·霍华德－琼斯的研究成果，以及前几章提到的妮古拉·摩根的《怪我的脑》。圣玛丽罗马天主教学校邀请家长一起探索该网站的资源。

## 学习与学龄期的脑

从学习的角度出发，年轻人应该了解哪些脑知识？请你考虑以下建议。

儿童/年轻人应该知道：

- 你的脑处于持续的发育和变化中，并非保持不变。因此，“与生俱来的脑”一类的说法具有误导性。
- 挑战有助于脑的发育，但是脑需要时间去学习新事物，需要练习和重复，然后回顾和再次练习（复习）。
- 恐慌以及认为自己不能学习或完成某项任务的信念会影响你的 43
脑的反应模式。
- 随着你的成长，你的脑能完成更复杂的学习。
- 为了学习和记忆，脑需要完成的一些任务发生在高质量的睡眠中。
- 你的脑消耗了你身体营养中相当大的一部分，因此你的饮食会影响你的脑。

• 你的脑一次只能专注于一项困难的智力任务。

• 关于学习是如何发生的以及新型脑成像技术如何为其提供帮助这两个问题，我们持续不断地有新的发现，也在不断提出新的可能。

• 你的脑是你的一部分，而不是一个单独的实体——它对身体的其他部分做出反应，同时也对身体的其他部分发出指令。

• 在你的有生之年还有更多关于脑的奥秘将会被发现。

• 有时商家利用脑科学来说服人们相信他们的产品。他们对证据的应用有时是合理的，有时则是有误导性的。

请注意，我没有使用任何神经科学证据来证明这些建议的合理性。如果有学生问："我们如何知道这些内容？"或许我们需要以某种形式向他们提供神经科学的证据。但我建议在起始阶段避开艰深的研究和科学语言。过早地引入艰深的科学知识可能导致一些年轻人认为脑知识并不适合他们。这将不利于帮助年轻人对自己的脑发育建立起一种负责任的态度。

## 发育与学龄期的脑

换个角度来表述上一节的问题：从个体发育的角度出发，年轻人应该了解哪些脑知识？对这个问题的建议跟上一节有不同吗？

对于年龄较小的孩子，我建议让他们知道脑是身体的一个重要组成部
44 分、脑帮助他们学习，知道精心呵护的脑将有助于提高他们的学习成绩，但同时脑也会对他们所有其他方面的发育和变化起作用。他们应该知道，每天吃的东西会影响身体状况，这当然也包括脑的发育。孩子们虽然明白身体使用食物作为"燃料"，但可能很少意识到他们的脑也是如此，身体从饮食中获取的"燃料"中有相当大的一部分被脑消耗掉了。"燃料"的质量对脑及整个身体都很重要。

同样，体育锻炼对身体乃至脑的重要性也应该得到定期宣传。在英

国，儿童的体育锻炼仍然是一个令人担忧的问题。2017 年 10 月，英格兰教育部宣布为英格兰小学的体育和运动课程增加一倍的经费投入，以进一步鼓励儿童保持健康活力。这里我们不围绕经费支持展开讨论，我们将从另一个角度讨论帮助儿童认识体育活动的影响的必要性：体育活动对儿童的影响绝不仅限于体能方面。进化和生存在人脑发育中的作用无疑会成为一个有趣的话题，这也许会引出约翰 · 梅迪纳发人深省的提问：“如果我们独特的认知技能是在身体活动的熔炉中锻造出来的，那么体育活动是否仍将继续影响我们的认知技能？”（Medina，2008，p. 11）。

你可能已经注意到在上一段中，我尽力避免使用使脑“脱离身体”的语言，这样的语言会让人误以为脑在某种程度上是独立于身体其他部分的存在。鼓励年幼儿童把脑看作自我整体概念的一部分，这一点非常重要。

对年幼儿童来说，知道他们的脑特别适合学习可能是有帮助的，部分原因是他们有太多感兴趣和要学习的东西。或许没有必要向年幼儿童解释以下事实：为这种学习提供支持的是健康的儿童脑所产生的过多的神经元和联结，这些神经元和联结最终将被削减和重组。

然而，青少年脑中也存在类似的神经元和联结被削减重组的情况，此外还存在青春期阶段脑的其他发育情况，这些可能对年龄较大的儿童具有
重要意义。第 6 章对这些问题进行了更深入的探讨，鉴于本章的目的，我 45
们建议让青少年了解他们的脑在青春期会变得更接近成人脑，他们的思维和逻辑能力、对他人的共情和理解能力都会有所提高。一些功能将从杏仁核一类更为本能的脑区转移到前额叶皮质等更加高级的脑区。这些变化既不是一夜之间发生的，也不是一气呵成的。许多青少年看起来像成年人一样，我们当然也期望他们像成年人一样行事，但外表可能具有欺骗性。这里需要强调的一点是，脑在青春期的发育非常关键，在这段时期内，脑发生了极其重要的变化，青春期不应该成为青少年、父母、照料者和教师希望尽快过去的一段时期。

## 学龄期的脑、抱负和动机

在最近几年中，英国学校的很多儿童和青少年都将熟悉卡罗尔·德韦克关于固定型和成长型思维模式的理论。她的工作在英国学校里既有支持者也有批评者，我不打算在这里加入这场讨论。之所以在这里提到德韦克的理论，是因为她有时采用了脑活动证据来支持其理论。我认为该理论的一个方面对儿童和青少年非常重要，那就是德韦克提出的观点：我们如何看待自己的能力和潜力——我们的**自我理论**（self-theories）会对我们的能力和潜力产生影响。一些读者可能会很快指出，德韦克并不是唯一提出这一观点的人。事实上，亨利·福特（Henry Ford）的类似观点也经常被引用。但德韦克的著作的重要性在于，它在学校获得了很高的曝光率。

自我理论的概念可能与青少年脑中正在发生的一些变化存在正向关联，例如自我意识的改变，以及对自己未来可能取得的成就的看法的改变。正如我们已经提到的，德韦克的著作也经常提到**神经可塑性**（neuroplasticity），这一概念与前面“学习与学龄期的脑”部分提出的第一条建议是一致的。

## 46 发育中的脑面临的危险

在这里，我们将探讨一些可能危害脑发育的因素。其中的一些因素——至少有两种——是 21 世纪特有的，另一些因素则由来已久，但是对每一种因素而言，研究都在持续增进我们对其危害的理解，因为脑的相关问题已经形成一个稳固的研究领域。

### 娱乐性药物使用

我们如何对学龄儿童和更广泛的社会群体进行药物使用、滥用和成瘾的教育，这是一个讨论得很多的主题，但它不是本书或本章的重点。英国一直强调知情选择的理念，下文的目的就在于提醒大家注意这些问题是如何影响脑的，在我看来，这方面的知识应该能有助于向年轻人提供信息。我主要关注来自英国以外地区的研究，因为英国教师已经熟悉他们目前工作的本土地区的相关信息和观点。

如果被问到什么是成瘾，我怀疑很多青少年不会提到脑。然而在美国，国家药物滥用研究所（National Institute on Drug Abuse）给出的定义明确指出成瘾是一种脑部疾病：

> （成瘾是）一种慢性的、反复发作的脑部疾病，其特征是不顾有害的后果，强迫性地寻求和使用药物。成瘾是一种脑部疾病，因为药物会改变脑的结构和工作方式。这些脑的变化可能是持久的，并导致滥用药物的人出现有害行为。（NIDA，2014）

尽管这里不是对娱乐性药物使用采取反对立场的地方，但有研究证据表明，娱乐性药物对脑的影响值得警惕。蒙特利尔麦吉尔大学（McGill University，Montreal）的一项研究（Cox et al.，2017）考察了符合娱乐性可卡因使用标准但尚未成瘾的人，研究结果表明这些人远比他们自己想象的更容易成瘾。研究者使用**正电子发射断层扫描**观察被试在药物使用过 47
程的不同阶段的脑活动。研究者的工作原理是，药物寻求与**腹侧纹状体**（ventral striatum）的多巴胺释放有关，但随着药物使用变成习惯，并令人上瘾，这种反应会转移到**背侧纹状体**（dorsal striatum）。

该研究的被试是一起吸食过可卡因并熟悉吸食可卡因过程的朋友，研究者让他们观察彼此准备吸食可卡因的过程。在被试观察的过程中，其背侧纹状体的多巴胺反应明显增强。研究人员得出结论，能让人有机会吸食的、与可卡因有关的个人化线索增加了娱乐性可卡因吸食者背侧纹状体的细胞外多巴胺的含量，首次证明了在物质使用障碍（substance use disorder）发生之前就可以看到这种效应。与背侧纹状体有关的习惯的积累进一步受到动机过程（即看到毒品并想吸食）的调节，将提升个体对强迫性吸毒和成瘾的易感性。

与我撰写本章同时进行的另一项加拿大研究，由阿尔伯塔大学（University of Alberta）公共卫生学院的精神病学家斯科特 · 珀登（Scot Purdon）与其公共卫生学院的同事共同开展，他们正在调查吸食大麻引起的认知障碍，特别是这些障碍的持续时间。珀登研究的部分背景是加拿大的大麻使用即将合法化。珀登在与 neurosciencenews.com 网站（引用日期：2018 年 1 月 30 日）的对话中概述了他的担忧。他指出，已有充分证据表明，大麻会在短期内（例如吸食大麻后的 1 至 3 小时内）影响记忆、注意和精细运动技能。但关于大麻对认知产生的长期影响，我们目前知之甚少，这种影响可能会持续数天或数周。珀登指出，没有任何一项研究的周期超过了 28 天，因此他提出一个担忧：关于大麻的一般性影响以及它可能对个体产生的不同影响，还有太多的未知。加拿大政府尽管同意大麻使用合法化，但似乎也存在同样的担忧，并资助了一些研究项目。

相关研究已经引起人们对持续使用大麻的关注，特别是，在青春期开始使用大麻会对发育中的脑产生神经毒性作用，即使排除了一系列其他因
48 素的影响，长期使用大麻也会导致智力降低。停止使用大麻并不一定能逆转这种影响。达尼丁研究（Dunedin Study；Meier et al.，2012）就是一项众所周知的研究实例，该研究对 1000 名个体进行了长达 25 年的追踪，并得出以上结论。这个追踪研究中 96% 的被试从 13 岁到 38 岁持续参与研究，因此其研究结果很有价值。一些评论者指出，这个研究中的被试是长期的大量大麻吸食者，因此并不能代表非常规性、“娱乐性的”大麻吸食者。我个人的观点是，对任何个人而言，都很难说什么是“安全的”吸食。另外，大麻和其他物质还与多种类型的精神疾病的发展进程有关，这些疾病很多都起源于青春期。一些人认为危险可能被夸大了，另一些人认为潜在的危险应该得到充分的说明。所有这些问题对家长和教育工作者来说都是巨大的挑战。

## 酒精

澳大利亚网站 alcoholthinkagain.com.au 提到了澳大利亚国家健康与医学研究委员会（Australia’s National Health and Medical Research Council）引用的一项研究。该研究指出青少年饮酒会导致两个脑区的发育受损，它们是海马和前额叶皮质。其中前额叶皮质在青春期的发育非常显著，并将持续到 25 岁左右。该网站称，对澳大利亚年轻饮酒者的研究已经表明，“与不饮酒的同龄人相比，饮酒者的脑发育出现了明显不利的变化”。

许多父母认为，允许孩子在他们的监督下品尝酒精，可能使饮酒看起来不再是一种大胆或挑衅的青少年行为，少量品尝酒精可能会让孩子免受经常饮酒导致的脑发育损伤。然而一段时间以来，研究表明情况并非如此。加拿大早在 2000 年就开展了一项包含 5856 名被试的研究（DeWit et al.，2000），结果发现在 11—14 岁初次饮酒的儿童特别容易发展出酗酒习惯和酒精依赖。

## 智能手机和互联网使用 49

首尔高丽大学（Korea University）的徐亨淑（音译）（Seo，2017）领导的一项研究显示，在被归为智能手机和（或）互联网成瘾的青少年中似乎存在真正的与脑有关的问题。这项研究涉及两组青少年，根据智能手机和互联网使用标准化测试，其中 19 人被归为成瘾者。成瘾组的平均年龄为 15.5 岁，包括 10 名女性和 9 名男性。对照组为未成瘾组，在年龄上与成瘾组匹配。

研究人员发现，成瘾组的神经递质 γ－氨基丁酸（gamma aminobutyric acid，GABA）和谷氨酸－谷氨酰胺（glutamate-glutamine，Glx）的平衡受到了不利影响。GABA 的作用是减缓脑信号的传递，而 Glx 则起兴奋作用。GABA 在多种脑功能中发挥作用，包括视觉、运动控制和焦虑管理。过量的 GABA 会导致抑郁和焦虑，还有可能让人昏昏欲睡。

这项研究的一个积极成果是，研究者借用一个最初用于治疗游戏成瘾的方案，通过认知行为疗法（cognitive behavioural therapy，CBT）成功治愈了所有成瘾组被试。对 GABA 和 Glx 水平的进一步分析表明，治疗后被试的 GABA 和 Glx 水平恢复正常。

另一些研究者提醒人们关注青少年社会认知的发展，因为社交媒体影响了年轻人在他们的生活中可以同时发生交流的人数，这对深度社会理解及社会意识的发展具有极其重要的意义。我们将在第 6 章进一步探讨这一点。就本章而言，重要的一点是有证据表明，智能手机和互联网的使用能够而且确实影响了脑：这可不是父母、照料者和教师为了进一步给青少年找麻烦而虚构的信息。

## 经颅直流电刺激

几年前，我很惊讶地遇到一位对脑很感兴趣的教师，他在聊天中谈到自己能熟练地动手制作经颅直流电刺激（transcranial direct-current stimulation，tDCS）头戴设备，他希望能得到学校的许可，以便在他的科学课上使用这种设备。我非常怀疑他是否得到了许可，我也不知道他是否仍然是一名教师。

50 然而，这种头戴设备的制作并不是特立独行的教师或 DIY 爱好者的专属领域。这类设备已经在游戏行业得到推广，一些年轻人最有可能通过这一渠道接触经颅直流电刺激的概念。

推特上的神经科学谎言揭露者 neurobollocks 在 2014 年的一篇推文中解释了这种设备的背景和危险性，文章题为《经颅直流电刺激——不要在家尝试》(Transcranial Direct-current Stimulation – Don’t Try This at Home)。他指出，这些把电极片贴在头骨上的装置在严格的控制和伦理审查下才能被应用于研究。这些研究探讨了经颅直流电刺激在神经心理学和临床治疗中的应用潜力。乌茨等人（Utz et al.，2010）对这一类研究进行了综述。

neurobollocks 还提出了另外两个问题，其中第二个问题是与年轻人有关的根本问题。首先，就刺激玩家脑的关键区域而言，这些设备很可能起不到任何作用。其次，尽管电流很弱，效果也很差，这些装置仍然可能非常危险。不良反应包括电极灼伤，引发持续一年以上的严重焦虑、恐慌或抑郁，以及头痛和偏头痛。当然 neurobollocks 也指出，很难确定经颅直流电刺激就是引发所有这些不良反应的催化剂，但这些设备存在危险性是无疑的，应该强烈反对让电流通过头部的想法。

## 年轻人的脑与未来

在本章的最后一节，我们将简要地探讨年轻人需要了解哪些当下及未来的发展，这些发展将影响他们生活的世界，并改变他们自己的脑与周围世界之间的联结（这里我使用了宽泛意义上的“联结”）。在过去的 20 年里，所有与我进行过任一形式的个人交流的学校都向我传递了明确的信息：技术变革的速度越来越快，可获取的信息量也急剧增加。在我看来，有必要在这个基础上增加一个“未来脑”的维度。下面探讨的三个领域无 51
疑是广阔而复杂的，无论篇幅或个人的知识和理解都不允许我们在这里展开全面的讨论。相反，我要努力做到的是，从教师和家长的角度对我认为年轻人应该认识的三个方面进行一些探讨。

### 人工智能

在人工智能（artificial intelligence）领域（另一个我所知有限的领域），真正的脑与人工脑似乎彼此需要。虽然人工脑的构建依赖于不断增长的人脑知识，但人工脑也在不断揭示人脑各方面的奥秘。世界各地令人惊叹的、充满未来感的人工脑项目反映出二者相互依赖的关系。在这里，我们讨论一个英国参与其中的项目——欧盟人脑计划（Human Brain Project, HBP）。它的一个模拟器是多核 SpiNNaker 机器（曼彻斯特，英国），它包含 50 万个处理器，运行速度接近人脑平均速度。该项目的 BrainScaleS 机器（海德堡，德国）能模拟 400 万个神经元和 10 亿个突触，并能以人脑速度的一万倍进行某些操作，尽管它还不能实现人脑的所有功能。这些是**神经计算**（neuromorphic computing）的例子。

虽然神经计算的目的是进一步加深对人脑的理解，但从中长期来看，人们可以预期它将在工业和消费者层面进行应用。IBM 等多家公司将**认知计算**（cognitive computing）视为未来的关键业务，它们对人工智能的发展持有高度兴趣。欧盟人脑计划承认关于人类的学习还有很多需要探索的问题。例如，尽管这项工程非常浩大，但至今还无法模拟不同速度的人类学习，换句话说，有些事物人脑立即就能学会，而另一些事物人脑则要经过更长时间，有时甚至数年才能学会，机器目前还无法模拟这些不同速度的学习模式。为了模拟完整的人脑，大型模拟还有很长的路要走。即便是上面提到的 400 万个神经元和 10 亿个突触，也与人脑的 800 亿—1000 亿个神经元、平均每个神经元约 1750 个突触的规模存在一定差距。正如
52 该项目报告中描述的，“目前计算机的能力不足以在这种联结水平上模拟整个人脑”。

重申我的第一个观点，人脑是开发强大的新型计算机可参照的模型，而这些计算机正在帮助我们进一步探索人脑。欧盟人脑计划还认为日益增强的模拟技术是减少动物脑实验的一种途径，是研究疾病的一种新方法，同时支持对比来自不同的计算机模拟实验的数据。

该项目还通过其**神经机器人平台**（Neurorobotics Platform）的工作，为一些人脑模拟提供“躯体”。这里令人着迷的问题是人脑与身体是如何协同工作的——脑如何向身体发送信号，然后从身体的反馈中学习。现在创造机器人来完成特定任务已经不是难事，现在的难题在于创造能在执行任务的同时进行**学习**，然后制订相应**计划**的机器人。因此，人脑仍然是应对这一挑战的关键。

对欧盟人脑计划的工作感兴趣的学生会发现，尽管该项目网站（www.humanbrainproject.eu）的内容有一定难度，但网站可以随时访问，上面的视频片段内容丰富、发人深省。我们需要为学生考虑的最后一点是，人工智能并不是新鲜事物：长期以来，人类一直试图创造出能像人类一样做事的机器，因此，在考虑目前的情况与过去的差异时，还有很多需要讨论的问题。这带来了相应的伦理和哲学问题。

## 脑 – 机接口

也许比人工智能问题更具挑战性的是脑 – 机交互的概念——有没有办法让我们的脑与人工智能连接起来呢？事实上这种情况已经发生了，例如能够对脑信号做出反应的义肢已被制造出来。一些专家认为，人工义肢除了能改变肢体残疾者的生活，在将来还能实现超越自然肢的能力。双下肢截肢者、生物力学专家休 · 赫尔（Hugh Herr）教授（麻省理工学院）甚至表示：“只需五年时间，仿生腿背后的人工智能将能够真正控制穿戴者的平衡，重新分配他们的体重，并确保他们的身体稳定性保持不变。” 53
（Cox，2016）赫尔还说：“一百年后，作为人工义肢发展的结果，身体残疾的概念将不复存在。”

这样的发展不仅带来成本问题，也会带来伦理问题。例如，我们应该更换老年人疼痛的患关节炎的肢体吗？要做到这一点，可能需要进行痛苦的手术，包括植入电子脑，当然还有截肢；但这样做可能给患者留下一只功能完好、没有疼痛的肢体，很有可能不仅功能完好，而且比原来肢体的功能更强大。休 · 赫尔本人的境遇就体现了这一挑战。他 17 岁时因登山事故受伤，双腿截肢。他过去曾是一名技术熟练的登山者，现在安装了高级义肢，他甚至成了一名技术更好的登山者。他预测，连我们对人类美的感知最终也会发展成为“在非常不同的层次或形式上对人类美和机器美的探索”（Cox，2016）。你现在的学生在他们的一生中将会越来越频繁地遇到这些问题。

另外也存在更加字面意义上的脑 – 机接口，即能够帮助用户通过脑信号控制计算机的装置。这一领域具有悠久的实验历史，包括广泛的动物研究。该装置潜在的应用范围很广，包括增加与交流不畅甚至处于昏迷（意识障碍）状态的个人进行接触和交流的可能性，帮助运动能力的恢复，以及作为游戏控制器用于娱乐领域，例如美泰（Mattel）公司与神念科技

（Neurosky）共同开发的意念控制玩具 Mindflex[①]。布伦纳等人（Brunner et al.，2015）对脑－机接口给出了以下定义，它必须：

1. 基于对脑活动的直接测量；
2. 向用户提供反馈；
3. 在线运营；
4. 基于有意识的控制（也就是说，用户每次想要使用脑－机接口时，必须选择执行一项心理任务来发送信息或命令）。

布伦纳等人还描述了脑－机接口的六种未来用途，说明了它为什么可以成为一种替代、恢复、增强、补充、改进的工具，以及成为一种研究工具。

54 得益于企业家埃隆·马斯克（Elon Musk）和布赖恩·约翰逊（Bryan Johnson）以及他们在该领域建立的新公司（分别是 Neuralink 和 Kernel），脑－机接口最近受到了公众的进一步关注。马斯克的目标是：脑－机接口将成为人类提高自身智能，从而领先于人工智能的一种手段；脑－机接口的功能将从辅助转向增强。吴（Wu，2017）认为，与技术的连接可能仅仅是人类与技术关系的下一个阶段，但他同时指出了这种连接带来的一系列问题：

> 在不久的将来，随着脑－机接口的作用从帮助残疾人恢复功能，发展到增强健全个体的身体能力，我们需要敏锐地意识到与许可、隐私、身份、主体性和不平等有关的一系列问题。

学校如何让学生了解这些问题、学生如何去理解这些问题，这对我们的学校和学生来说是一个巨大的挑战。

---

① 由世界玩具巨头、生产芭比娃娃的美泰公司结合神念科技的脑电波生物传感器技术生产的意念控制玩具。其原理是利用脑电波控制海绵球在空中的高度及小球的前进方向，使其完成穿越各种障碍物的高难度动作。玩家越专注，小球的高度就越高，玩家放松后小球的高度就会降低。——译者注

## 健脑药物（Smart drugs）

2005 年，神经科学家迈克尔·加扎尼加（Michael Gazzaniga）发表了一篇题为《药物让人更聪明》(Smarter on Drugs）的文章，引起了相当大的争议。加扎尼加讨论了现有的处方药，譬如利他林（Ritalin），指出这种药物可以提高患有注意缺陷多动障碍（attention deficit hyperactivity disorder，ADHD）的学生以及没有这种障碍的学生的学习成绩。他假设，随着新的增强认知功能的药物（例如延缓记忆减退或提高心理加工速度的药物）的出现，这些药物也应该在医学处方之外得到使用。特别有争议的是加扎尼加关于**应该**使用这些药物的建议：

> 在正常人群中，存在记忆力惊人的男性和女性、能够快速学习语
> 言和音乐的人，以及各种能力超常的人。他们脑中的某些东西使他们
> 能够以闪电般的速度编码新信息。我们接受这样一个事实：他们一定
> 拥有某种优于我们的化学系统，或某种更有效的神经回路。那么，如 55
> 果用药物也能达到同样的效果，我们还有什么可烦恼的呢？从某种程
> 度上说，如果没有得到优秀的神经系统是大自然母亲对我们的欺骗，
> 那么我们通过自己的创造反过来欺骗大自然母亲似乎是一件明智的事
> 情。在我看来，这正是我们应该做的。(p. 34)

加扎尼加接着指出，我们的问题在于我们认为这是作弊。我认为他低估了他的建议带来的一系列问题，尤其是健康、未知副作用、成瘾，以及提倡采用简单的、与药物有关的办法来解决难题等问题。不过，他对用来支持研究的药物的有效性做出了正确的预估。

在英国，有大量证据表明年龄较大的学龄人口和大学生群体中有人使用过莫达非尼（Modafinil）——一种旨在治疗嗜睡症的药物，一些人也把它当成一种典型的“学习药”。虽然它是一种处方药，但对于那些想要找到它的人来说并无妨碍，因为经销商可以从多个国家在线购买这种药物，并在大学校园里销售。尽管学生们报告说，这种药物对他们的通宵学习所

起的作用远远超过了他们以前使用过的咖啡因，但它也有不利的一面。这可能包括精力耗竭、使接下来的几天和几周变得非常低效、诱使学生进入一个服用更多药物来抵抗疲劳的循环。学生们还报告了睡眠障碍、头痛、情绪波动、恶心、食欲减退、体重减轻、排尿增多和注意力不集中等症状。我们无法知道这些症状是否是服用莫达非尼的直接结果。英国学生报《标签》（*The Tab*）2014 年报道，在该报自行实施的一项调查中，五分之一的学生曾使用过这种药物（Fitzsimmons & McDonald，2014）。在这些学生中，42% 也曾尝试过其他所谓的“学习药”。

我希望你能看到使用药物避免睡着而继续学习这种做法的可笑之处，本章和前两章都强调了睡眠在学习和记忆形成过程中的重要性。因此，一种帮助使用者熬夜的药物可能对学习和脑都没有什么好处。奇怪的是，莫达非尼对脑的影响及其长期作用都没有得到充分的解释，尽管如此，2015 年的一份报告（Brem & Battleday，2015）指出，短期使用莫达非尼没有
56 害处，并且它能增强个体的部分认知功能。耶鲁大学医学院的彼得·摩根（Peter Morgan）指出，咖啡因的作用会因长期食用而减弱，“没有证据表明莫达非尼有任何不同”（Thompson，2015）。由于莫达非尼和利他林一样，其目的都是治疗确诊的疾病，其生产商并没有打算申请将其作为一种学习辅助药物，或者用于健康人群。

澳洲科技新闻网（ScienceAlert）以这样的标题公布了布雷姆（A. -K. Brem）和巴托迪（R. Battleday）的一篇综述，该标题似乎受到加扎尼加的启发——《这种针对嗜睡症的“健脑药物”让普通人变得更聪明》（Dockrill，2015）。或许你的学生应该针对这一标题的真实性展开辩论：它如果真的发生，是否可取？加扎尼加本人也指出，增强的记忆可能会完全改变一个人的精神世界，并保存那些无用或无益的记忆。

**总结 · 练习 · 思考**

- 对上述观点的教学有可能从哪里融入你的学校课程？
- 你会向学生提出什么问题，你预期他们会提出什么问题？

- 你需要成为一名神经科学的专家来回答他们的问题吗？
- 你如何让家长了解本章的信息？
- 你认为年龄较大的学生应该了解哪些有关健脑药物的信息？

## 术语表

**背侧纹状体**（dorsal striatum）：纹状体的上部区域，基底神经节的一部分。背侧纹状体分为尾状核和壳核两个区域。纹状体是运动和奖赏网络的一部分，因其与大脑皮质的一系列区域相互作用，被认为与行为和认知有关。

**神经可塑性**（可塑性）[neuroplasticity（plasticity）；见第 2 章]：脑不 57
断建立新的联结和重组已有联结的能力。

**正电子发射断层扫描**（positron emission tomography，PET）：一种医学成像技术。正电子发射断层扫描使用放射性物质（放射性示踪剂）帮助追踪血流、氧气使用及神经递质的活动。正电子发射断层扫描有时与计算机断层扫描（computerised tomography，CT）联合使用。

**腹侧纹状体**（ventral striatum）：纹状体的下部区域，基底神经节的一部分。腹侧纹状体包含伏隔核。与背侧纹状体一样，该区域与奖赏有关，包括采取行动寻求奖赏，因此可能与成瘾行为有关。

## 参考文献

alcoholthinkagain.com.au (n.d.) Impact of alcohol on the developing brain. Available at: https://alcoholthinkagain.com.au/Parents-Young-People/Alcohol-and-the-Developing-Brain/Impact-of-Alcohol-on-the-developing-brain (accessed 13.3.18).

Brem, A. -K. and Battleday, R. (2015) Modafil for cognitive enhancement in healthy non-sleep-deprived subjects: A systematic review. *European Neuropsychopharmacology* 25(11): 1865–1881.

Brunner, C., Birbaumer, N., Blankertz, B., Guger, C., Kübler, A., Mattia, D., Millán, J. del R., Miralles, F., Nijholt, A., Opisso, E., Ramsey, N., Salomon, P. and Müller-Putz, G. R. (2015) BNCI Horizon 2020: Towards a roadmap for the BCI community. *Brain-Computer Interfaces* 2(1): 1–10.

Cox, D. (2016) The MIT professor obsessed with building intelligent prosthetics.motherboard.vice.com, 20.6.16. Available at: https://motherboard.vice.com /en_us/article/z43z4a/the-mit-professor-obsessed-with-building-intelligent-prosthetics (accessed 14.3.18).

Cox, S. M. L., Yau, Y., Larcher, K., Durand, F., Kolivakis, T., Delaney, S. J., Dagher, A., Benkelfat, C. and Leyton, M. (2017) Cocaine cue-induced dopamine release in recreational cocaine users. *Scientific Reports 7*: article number 46665 (26.4.17).

DeWit, D. J., Adlaf, E. M., Offord, D. R. and Ogborne, A. C. (2000) Age at first alcohol use: A risk factor in the development of alcohol disorders. *American Journal of Psychiatry* 157(5): 745–750.

Dockrill, P. (2015) This narcolepsy ‘smart drug’ makes ordinary people smarter. sciencealert.com, 20.8.15.

58 Fitzsimmons, S. and McDonald, M. (2014) One in five students has used modafinil: Study drug survey results. thetab.com, 8.5.15 (accessed 6.11.17).

Gazzaniga, M. and Michael, S. (2005) Smarter on drugs. *Sciencetific American Mind* 16(3): 32–37.

Human Brain Project (n.d.) Bodies for Brains. Available at: www.human brainproject.eu/en/robots/ (accessed 14.3.18).

Human Brain Project (n.d.) Brain Stimulation. Available at: www.human

brainproject.eu/en/brain-simulation/ (accessed 14.3.18).

Human Brain Project (n.d.) Neuromorphic Computing. Available at: www.humanbrainproject.eu/en/silicon-brains/ (accessed 14.3.18).

Marshall, P. J. and Comalli, C. E. (2012) Young children's changing conceptualizations of brain function: Implications for teaching neuroscience in early elementary settings. *Early Education and Development* 23(1): 4–23.

Medina, J. (2008) *Brain Rules*. Seattle: Pear Press.

Meier, M. H., Caspi, A., Ambler, A., Harrington, H. I., Houts, R., Keefe, R. S. E., McDonald, K., Ward, A., Poulton, R. and Moffitt, T. E. (2012) Persistent cannabis users show neuropsychological decline from childhood to midlife. *Proceedings of the National Academy of Sciences* 109(40): E2657–E2664.

@neurobollocks (2014) Available at: https://neurobollocks.wordpress.com/2014/06/07/transcranial-direct-current-stimulation-dont-try-it-at-home/ (accessed 8.8.14).

NIDA (National Institute of Drug Abuse) (2014) Drugs, brains, and behaviour: The science of addiction. 1.7.14. Available at: www.drugabuse.gov/publications/drugs-brains-behavior-science-addiction (accessed 20.6.18).

Purdon, S. (2018) Is the high today gone tomorrow? Neurosciencenews.com, Available at: https://neurosciencenews.com/cannabis-impairment-8403/ 30.1.18 (accessed 30.1.18).

Seo, H. S. (2017) Smartphone addiction creates imbalance in the brain. Paper presented at the Radiological Society of North America (RSNA) 103rd Scientific Assembly and General Meeting, 30.11.17.

Thompson, H. (2015) Narcolepsy medication Modafinil is world's first safe 'smart drug'. theguardian.com, 20.8.15 (accessed 16.7.17).

Utz, K. S., Dimova, V., Oppenländer, K. and Kerkhoff, G. (2010) Electrified minds: Transcranial direct current stimulation (tDCS) and galvanic vestibular stimulation (GVS) as methods of non-invasive brain stimulation in neuropsychology: A review of current data and future implications. *Neuropsychologia* 48: 2789–2810.

Wu, J. (2017) Elon Musk wants to meld the human brain with computers: Here's a realistic timeline. Available at: https://futurism.com/elon-musk-wants-meld-human-brain-computers/ (accessed 15.11.17) 16737.

# 第 4 章
# 神经迷思

在本章我们将：

- 探讨一些流行的关于脑的迷思
- 就很多教师相信的迷思而言，看看你自己的立场如何

60 在第 5 章我们将讨论如何持续获得可靠和准确的脑知识。在此之前，本章先探讨一些由来已久的有关脑的迷思，它们现在常被称为“神经迷思”（neuromyths）。霍华德－琼斯（Howard-Jones，2010）指出，神经外科医生阿兰·科洛卡（Alan Crockard）早在 20 世纪 80 年代就使用了这一术语。这个术语第一次“正式”亮相似乎是在 2002 年经济合作与发展组织（OECD）的报告《理解脑：走向新的学习科学》（*Understanding the Brain: Towards a New Learning Science*）中。然而，人们对错误的脑知识怀有执念并不是 20 世纪或 21 世纪才有的事。19 世纪的颅相学（phrenology）家就声称，他们的“科学”使他们能够评估人的性格和智力，他们通过头骨形状获得一些细节，并相信这些细节反过来提供了有关脑的信息。再往前追溯到更久远的 7000 年前，出现了涉及在头骨上钻孔的钻孔术（trepanation），人们错误地认为这会改善脑功能，释放掉不良的特质或精神。贾勒特（Jarrett，2015）报告了一个令人担忧的组织的存在，这个组织叫作国际钻孔倡导组织，他提到了 2000 年《英国医学杂志》（*British Medical Journal*）表达的对自我钻孔术的宣传的担忧。和贾勒特一样，我有责任明确指出，绝对没有证据表明这种高度危险的做法会带来任何好处。我强烈推荐贾勒特的书，特别是对那些希望系统地了解神经迷思历史的读者。贾勒特采用发人深省的分类方式对这些神经迷思进行了分类，并利用最新的证据来揭露真相。

一些最近流行的神经迷思是在研究的基础上诞生的，但正如第 1 章所讨论的，实际情况往往是研究人员的初步发现被夸大成耸人听闻的失实报道，而当最初的研究者或其他研究者修正了这些发现时，却没有人在公共领域中对修正的结论加以报道。后文讨论的莫扎特效应（Mozart Effect）就是一个很好的例子。

媒体对一些神经迷思的传播也起到了一定的助推作用。在我进行研究的过程中，教师们告诉我，他们在脸书（Facebook）和其他社交媒体上完成过一些声称能够测出他们的脑特征的测验，例如他们是左脑人还是右脑
61 人，以及相应地，他们更擅长创造性思维还是组织和逻辑性思维。一些教

师告诉我，他们知道这些测验不可靠，但是他们质疑的是测验的方法，而不是这些一直流行的信息或迷思。另外，很多教师也观看了 2014 年上映的电影《超体》(*Lucy*)，这部电影的前提假设是我们只使用了 10% 的脑。我们将对这个问题以及莫扎特效应展开深入探讨。

本章将帮助你评估自己对神经迷思“买账”的程度，并鼓励你思考这是否影响了你对教学和学习的看法。下面我先给出一些观点，请你思考对这些观点的看法。你可以用自己的方式思考，也可以从以下几个角度思考：

- 我认为这是正确的，错误的，还是不确定的？
- 为什么我对这种观点持有这样的看法——**我的**依据从何而来？
- 这些观点对我的教学方法，或我对学生学习过程的认识是否产生了影响？

当然，如果你已经阅读了前面的章节，你的回答相较你从前持有的观念或许已经有所转变。

以下是若干需要你思考的观点：

1. 脑能够一直产生新的神经元直到老年。
2. 每个人的脑都以同样的方式处理信息。
3. 体育锻炼能够提高脑的效率。
4. 脑的功能受情绪体验的影响。
5. 睡眠影响脑的学习能力。
6. 在心里演练一个动作和实际做出该动作会激活相同的脑区。
7. 脑的两半球各自负责不同类型的心理活动。
8. 科学证据表明听莫扎特的音乐能够改善长期脑功能。
9. 脑在睡眠时不活跃。
10. 记住一个只用一次的电话号码与记住一段过往经历使用的是

同种类型的记忆。

62 11. 多任务同时进行比专注于一项困难的任务更有效。

12. 脑有时会“修剪”或删除神经联结。

13. 专业训练可以使一些脑区发生显著变化。

14. 男性和女性的脑存在结构和生化上的差异。

15. 智力是遗传而来的。

16. 通过脑部扫描可以看到多元智力（multiple intelligences，MI）。

17. 对于那些使我们感到愉悦的事物，脑的反应方式是相似的。

18. 一般来说，我们只使用了 10% 的脑。

19. 刚出生的一段时期内，我们拥有学习任何一门语言的能力。

我们将把这些观点归为三类：正确的、错误的、有争议的。不同的作者很可能会提出稍微不同的分类结果，其中几个观点很可能被归到“有争议的”一类，对这些观点也可能存在不同的解读。下面是我对这个问题的考虑，以及我对它们进行如此归类的解释。

**表 4.1　观点的分类**

| 正确的 | 错误的 | 有争议的 |
|---|---|---|
| 1 | 2 | 12 |
| 3 | 7 | 15 |
| 4 | 8 | |
| 5 | 9 | |
| 6 | 10 | |
| 13 | 11 | |
| 14 | 16 | |
| 17 | 18 | |
| 19 | | |

## 正确的观点

### 脑能够一直产生新的神经元直到老年

在没有其他证据的情况下，人们有时会认为，脑的所有功能都将伴随年龄的增长而衰退。事物当然是变化的，像阿尔茨海默病一类的侵入 63
性疾病（invasive condition）会造成不可恢复（目前来说）的持续性功能障碍。但这并不是说脑不能再产生新的神经元（神经再生）或新的突触联结。里德尔和利希滕瓦纳（Riddle & Lichtenwalner，2007）报道，神经科学界早在 20 世纪 60 年代就首次提出了神经再生的证据，但很多人仍然坚信“神经通路是固定不变的：一切都可能消亡，一切都不可能再生”[出自圣地亚哥 · 拉蒙 – 卡哈尔（Santiago Ramón y Cajal），见 Riddle & Lichtenwalner，2007]。因此，有教师持有这种观点并不奇怪。

至少有三个脑区能够产生新的神经元。其中最值得注意的是**海马**，它在记忆等方面发挥着重要作用。如果这与脑的老龄化有关，那么除了需要了解当前的最新知识之外，对教师而言它还有什么意义呢？我认为至少有一个简单的意义：教师在促进终身学习方面发挥着重要作用。这意味着我们希望我们的学生在今后若干年里对自己的脑抱有乐观的态度。

最近的研究表明**杏仁核**也可以产生新的神经元，我们在后面还会讨论这个脑区。杏仁核的神经再生功能障碍是与自闭症相关的几种假说之一，我们将在第 9 章谈到这一点。最近的一篇报道标题是《成年脑在以前未发现的区域产生新细胞》（Adult Brains Produce New Cells in Previously Undiscovered Area；neurosciencenews.com，2017），然而这篇报道中的研究基于的是成年老鼠的脑，对此我们需要保持谨慎。

### 体育锻炼能够提高脑的效率

多年来，无论在日常生活中，还是对我们晚年的身体机能而言，锻炼一直被证实对我们的身体有益。最近，运动对脑的积极影响引发了很多关注。雷泰和哈格曼（Ratey & Hagerman，2010）解释说，在过去，为了生存必须快速思考，出于快速思考的需要，体力活动与脑活动是联系在一起的，以便人在这个过程学习有效的策略，抛弃无效的策略。雷泰和哈格曼指出，我们久坐不动的生活会破坏身体活动与脑活动之间的重要关联。他
64 们搜集了大量证据证明通过锻炼能够克服这一问题，并提到了锻炼对幸福感的提升作用，这是雷泰在精神病学实践中一直提倡的。可能令教师更感兴趣的是，他还一直提倡将锻炼作为注意缺陷多动障碍管理的一个辅助手段。然而这引发了一个问题：在同时拥有注意缺陷多动障碍学生和普通学生的教室里如何运用上述方法？通常情况下，用于支持特殊教育需求的策略对全体学生是有益的。实际上这里的问题可能出现在可行性和时间安排上：如何组织更多的定期锻炼，并将其纳入拥挤的课程安排？神经生物学家约翰·梅迪纳（Medina，2008）在《脑规则》（*Brain Rules*）一书中，将“锻炼增强脑力”放在 12 条规则中的首位。

### 脑的功能受情绪体验的影响

这是我在自己的研究过程中向教师提出的一个观点，大多数教师对此表示认同。我们中很多人都有过这样的经历：当一个年轻人（也可能是一个成年同事，但这种情况要少得多）处于焦虑或愤怒状态时，跟他讲道理是行不通的。然而，影响学习的情绪障碍往往难以识别。随着人们对心理健康的日益重视，学校逐渐认识到这一点。

在一些特殊的情况下，情绪波动会降低我们的学生的能力。高风险考试就是一个例子。一些充满热情的教师经常向我描述当看到学生仅仅因为恐慌而对考试失去信心时，他们有多么痛心。祖尔（Zull，2011）描述了脑的各个部分在这种恐慌的快速发生过程中所起的作用。丘脑接收到的一些信息在没有经过大脑皮质监控和加工的情况下，直接进入了杏仁核。祖尔称之为“低通路”（p. 59），因为它会产生反射性的反应，在我们的学生中这一反应可能表现为恐慌、僵化、拒绝，甚至绝望。这是一种通常被称为“战斗或逃跑”的进化反应，但因为没有可以战斗或逃避的对象，我

们的学生仍然为杏仁核激发的化学物质所困，无法启用“高通路”。通过“高通路”，外部输入的信息首先经过大脑皮质的过滤，然后进入杏仁核，进而产生更具建设性的行动。

了解恐慌情绪及其如何影响考试成绩，无疑是训练学生应对考试一类 65
压力情境的有效起点，这么做的对象包括那些应试导向、准备充分的学生。因为学生的大部分学习都是在特定情境下进行的，所以当学生不得不在之前从未进行过类似思考的考场准确地思考呼吸系统的有关知识、第一次世界大战的起因或任何别的认知需求时，他们会感受到压力。在备考的过程中，不妨尝试一下下面的方法。例如，将历史课搬进将用作考场的教室，在那里讨论第一次世界大战的起因或课程大纲要求的其他内容，也许还可以把每个起因与教室的特定部分联系起来。这将给学生提供一些思考线索，使大脑皮质在杏仁核之前参与信息加工，并让学生通过回忆在考试教室里进行的学习活动成功提取出相关的记忆。

## 睡眠影响脑的学习能力

睡眠的重要性在学校受到了广泛关注。可以说长期以来，学校一直把好的睡眠作为影响发展的一个重要部分来进行推广。考虑到科技对睡眠规律和睡眠质量的影响，这需要得到学校的持续重视。英国的一些研究项目，例如**青少年睡眠**（Teensleep）项目的最初目的就是研究调整上学和放学时间达到的适应青少年所需睡眠周期的效果。然而事实证明这并不可行，于是该项目改变了视角，转而评估在个人、社会与健康教育（Personal, Social and Health Education，PSHE）课程中讲授睡眠知识的效果。该研究项目之外的一些学校尝试调整了本校的上学时间。这些做法通常都遭遇了无法克服的现实问题。

我建议，要想为学校推广良好睡眠习惯的努力提供支持，学校就应该立即展开一系列研究，探讨不良睡眠和良好睡眠的影响，包括它们对脑的具体影响。睡眠对脑来说是一段非常忙碌的时间，而这种忙碌跟学习密切相关，这一事实可以是一个很好的研究起点。

66 斯蒂克戈尔德和沃克（Stickgold & Walker，2007）解释说，尽管记忆的巩固是一个漫长而复杂的过程，发生在多个阶段，或者用他们的话来说，是“一系列持续的生物学调整，以随着时间的推移不断提高记忆存储的效率和效用”（p. 331），但毫无疑问，睡眠周期的各个阶段都发挥了至关重要的作用。他们认为，睡眠周期中的每一个阶段对于课程结束后的复述和初始编码都非常重要。他们强调，典型的记忆分类法中列出的所有记忆类型（外显记忆、内隐记忆、陈述性记忆、程序性记忆、情景记忆、语义记忆）都是如此。

另外一些对脑的健康极为重要的工作也是在睡眠期间进行的。和身体一样，脑也会在白天的活动中积累废物。由于脑似乎没有等同于身体**淋巴系统**（lymphatic system）的物质，目前普遍的观点是脑对这些废物进行了回收利用，而在这一过程中起关键作用的是脑脊液。最近的研究（Nedergaard & Plog，2018）表明，实际上各种哺乳动物的脑中存在所谓的**胶质淋巴系统**（glymphatic system），这个术语表明**神经胶质细胞**（glial cell）作为淋巴系统的等同物发挥着保护作用。胶质淋巴系统主要在睡眠期间工作。脑中有几种不同类型的神经胶质细胞，它们能发挥多种功能，脑中神经胶质细胞的数量比神经元还多。奈德贾德和普洛格（Nedergaard & Plog，2018）的研究揭示了神经胶质细胞在夜间进行的脑清理工作中所起的重要作用。库斯坦迪（Costandi，2013）指出，神经胶质细胞“或将成为这场表演中的真正明星”（p. 12）。

## 在心里演练一个动作和实际做出该动作会激活相同的脑区

这一现象的应用在体育、音乐和医疗领域收到了最显著的效果。例如，在医疗领域它被认为是物理治疗的一种有效辅助手段。弗兰克等人（Frank et al., 2014）描述了心理练习是如何产生以下两种结果的。第一，“心理练习在某种程度上包含了与身体练习相同的基本过程和隐性结构”（p. 20）。第二，弗兰克和他的同事们认为，心理过程会增强对所需身体动作的记忆。他们还指出，单独的心理练习可以带来脑内部的变化，但他们提醒人们这些变化的意义尚不清楚。他们坚持认为，虽然光靠心理练习是不够的，但心理练习与身体练习能够相辅相成。

如果心理过程能够影响生理过程，那么随之而来的问题是这种影响能否反过来：我们的身体自我会影响我们的思维方式吗？这一领域的探索属于**具身认知**（embodied cognition）的范畴。该领域的一位代表人物乔治·莱考夫（George Lakoff）率先揭示了人类以语言为表征的思想与身体隐喻之间存在紧密的关联。例如，我们可以把自己的情绪描述为“向上”（up）或“向下”（down），这反映出当我们感觉良好时，我们的身体可能更加直立，而当我们感觉低落时，我们的身体可能弯腰驼背（Lakoff，2015）。

威尔逊和戈兰卡（Wilson & Golanka，2013）对具身认知进行了深入研究，并指出它从最初的含义——“身体状态改变精神状态”迅速演变出多重含义（p. 1）。威尔逊和戈兰卡解释说，具身认知是一个更复杂、更具有挑战性的概念：

> 具身化假定脑不是我们可用于解决问题的唯一认知资源，这是一个令人惊讶的激进的假设。我们的身体及其受知觉引导的动作取代复杂的内部心理表征，完成了实现目标所需的大部分工作。（p. 1）

就教育过程而言，这是一个不容易表达的概念。约内斯库和瓦斯科（Ionescu & Vasc，2014）指出，具身认知对教育的主要启示在于，它引发了我们对皮亚杰的具体思维和抽象思维概念的重新思考。传统上，我们对年幼孩子采用以具体经验为主的教育方法，而对年长的孩子和成人更注重抽象思维的培养。约内斯库和瓦斯科认为，具身认知意味着对抽象概念（abstract concept）和高阶思维的深入理解也需要具体经验：

> 抽象的教学方法（即传授不以直接经验为基础的知识）可能对任何年龄段的学习者来说，在帮助他们彻底理解概念、迁移所学的内

> 容，并在记忆中更长久地保存所学内容方面都是不利的。（p. 278）

68 再回过头来想想花时间在考场教室里的考生，他们在这个特定的空间里体验着思考考试内容这一过程。这是否与具身认知的含义有关？

## 专业训练可以使一些脑区发生显著变化

没有两个脑是完全相同的。从一开始，脑就面临独特的环境、独特的个人经历和遗传特征，所有这些因素都会影响脑的形成和发育。即使在子宫里，每个脑的经历也不相同。我们的脑根据经验不断地自我重组，神经科学已经认识到从这个意义上说，我们的脑是“可塑的”。这被称为“神经可塑性”，在教育界这一术语经常出现。我们在第 2 章和第 3 章已经讨论过这一点。

成像技术已经能够精确识别个体在训练和练习中发生显著改变的脑区位置。库斯坦迪（Costandi，2013）评论了一些有趣的例子，其中包括最著名的伦敦出租车司机的海马的例子。

出租车司机必须花数年的时间学习大量的路线信息和街道名称，并构建将所有这些信息整合在一起的心理地图，以便在工作中使用。人们早就知道，创建这种特定“知识”的过程对出租车司机的脑灰质密度有显著影响。在另一个例子中，库斯坦迪谈到有人用三个月的时间集中学习玩杂耍，导致视觉皮质灰质密度增加。库斯坦迪的第三个例子是空手道专家，有证据表明他们的**小脑**（cerebellum）与**运动皮质**（motor cortex）之间的白质束的密度增加了。库斯坦迪解释说，这就是“他们能够打出更有力的拳”的原因（p. 134）。

这样的例子在音乐等其他领域也比比皆是。反复练习演奏乐器将导致运动皮质的变化。例如，对于有经验的弦乐演奏者来说，这些变化可以定
69 位到单个手指。如果进行必要的神经影像学检查，我们有理由相信，在很多其他类型的活动中也会发现类似的相应变化。

对于教师和学生来说，这里关键的一点是，大量证据表明脑是变化和

发展的，永远不能被认为处于变化或发展的最后阶段。因此，我们永远无法准确地预测一个人可能取得的成就。当然，这并不意味着**任何人**能够取得**任何**成就，但在我看来，这无疑会使大量预测教育结果的做法受到质疑，这些做法将个体当下的成就作为衡量其未来成就的优先指标。

## 男性和女性的脑存在结构和生化上的差异

在当今时代，性别的观念和定义已成为教育界和其他领域争论的话题，我们似乎有必要研究一下当前的脑知识可能为这场争论带来什么贡献。就在我写这本书的时候，媒体对萨莉·罗（Sally Rowe）和奈杰尔·罗（Nigel Rowe）事件的报道使性别再次成为大众关注的焦点。在这起事件中，因为学校里另一个男孩穿着裙子去上学，所以夫妻两人禁止其 6 岁的儿子去上学（bbc.co.uk/news/uk-englandhampshire-41224146，引用日期：2017 年 9 月 12 日）。

过去从性别角度对脑的探索主要集中在脑容量上，相关研究往往无法获得足够的被试来得出有力的结论。爱丁堡大学的斯图尔特·里奇（Stuart Ritchie）在英国生物样本库的帮助下解决了这一难题。里奇和他的团队研究了年龄在 44—77 岁的 2750 名女性和 2466 名男性（Ritchie et al., 2017）。他们发现女性的大脑皮质比男性厚，而男性其他脑区的体积则更大。然而，研究人员发现，如果将全脑的体积纳入考虑，最初的比较数据就具有误导性。在考虑了全脑体积后，女性有 10 个脑区显示出更大的体积，而男性则有 14 个脑区显示出更大的体积。我们应该思考这样的信息对教育者和学生来说是否有意义。

在讨论这个问题之前，我将补充一个例子，请注意有关性别与脑的研
究远不止我们在这里讨论的这些。2015 年，《新科学家》（*New Scientist*） 70
杂志刊登了一篇文章，标题是：《扫描结果证明不存在所谓的“男性”脑或“女性”脑》（Scans Prove There's No Such Things as a 'Male' or 'Female' Brain）。

该文章的作者杰茜卡·哈姆泽鲁（Jessica Hamzelou）报道了特拉维夫大学（Tel Aviv University）的达夫纳·乔尔（Daphna Joel）的研究结果。尽管1400个样本已经在同类研究中算大样本了，但乔尔扫描的脑数量仍比不上里奇的研究。不过，乔尔的样本年龄范围却更大（13—85岁）。乔尔和她的团队研究了29个被认为在不同性别之间存在大小差异的脑区，发现如果将这些脑区的大小差异作为定义标准，那么很少有样本可以完全被划分为男性脑或女性脑。正如哈姆泽鲁所描述的：

> 这意味着从人群的平均水平来看，脑的结构的确存在性别差异，但一个个体的脑很可能就是个体性的，具有多种复杂的特征。正如乔尔所说："不存在两种性别类型的脑。"

乔尔并不是唯一一个质疑性别二元论的人，哈姆泽鲁提醒读者关注一些在该领域取得杰出成果的其他研究者。

目前这些研究者中有相当一部分认为，我们对性别的看法多基于刻板印象、环境和文化，关于这一点的争论对教师来说具有挑战性。例如，人们通常认为男孩在科学和数学学科上的成绩优于女孩（至少在英国是这样），这似乎更多是遵循文化刻板印象的结果，而与脑的性别"偏好"或能力倾向无关。我希望读到这里的科学和数学教师会站出来提醒我，他们为克服自己学科中的性别偏见已经做了很多努力。即便这样，还有很多环境和文化因素等待人们去挑战和改变。

尽管男孩和女孩分开上学的日子早已远去，学校门口也不再有男校或女校的石头标记，但学校组织的某些方面依然遵循着关于性别的假设。有
71 一种观点认为，当性别信息被认为可有可无或完全无关紧要时，人们往往仍旧需要性别信息。前面提到的罗夫妇一家，以及在英国其他地区因同类问题引发的矛盾，无疑意味着学校需要进一步从性别层面考虑其运营决策和战略决策。将来学校能否或是否应该致力于摆脱对性别的二元认知，将成为一个争论的热点。

## 对于那些使我们感到愉悦的事物，脑的反应方式是相似的

《每日邮报》似乎对这种现象很感兴趣。从 2016 年开始，该报纸报道了一系列能在脑中引发与可卡因相同反应的活动和物质，包括音乐、快餐、能量饮料（与酒精混合时）以及脸书。最近（2017 年 6 月 23 日），《每日邮报》在线（Mail Online[①]）网站转载了安德鲁 · 布朗（Andrew Brown）发表在对话（The Conversation[②]）网站上的一篇文章，文章标题被改编为《单纯低碳水化合物饮食对脑的影响与摇头丸相似》（Eating Only Low-carb Foods Can Have Similar Effect on Brain as Ecstasy）。正如你所预期的那样，这样的报道都是基于实验研究的，只不过报道用更易于理解的方式呈现了研究结果。

尽管人们对不同形式的愉悦的主观体验存在个体差异，但不同的快感来源会使**多巴胺**和**血清素**等神经递质产生相似的反应，这些神经递质随后将在常规的神经回路中变得活跃。在脑前部的眶额皮质以及回路中的其他脑区，如**伏隔核**和**腹侧被盖**，可以明显观察到神经递质的活动。不同的愉悦刺激都可以引发这种活动。这是对《每日邮报》报道的问题的一个简单解释：很多事物，甚至生活中必不可少的事物，似乎都能让我们的脑产生与吸食可卡因后相似的反应。

需要注意的是，愉悦的阶段和愉悦的神经回路活动的确需要被看作不同的实体，一些神经科学家将其描述为“想要”（wanting）、“喜欢”（liking）和“学习”（learning）的一个序列。实际上这对我们的生存至关重要。例如在进食方面，我们对食物有欲望，能够明确哪些是自己喜欢的健康食物，能够学会在哪里找到这些食物，并知道什么时候自己吃饱了，这些对我们的生存都至关重要。愉悦还有一个精神病学层面的意义，无法体验愉悦或者任何事物都不能引发愉悦感是很多精神疾病的诊断标准。

关于这一过程的骇人描述中遗漏了一点：一些物质，尤其是被滥用的 72

① 《每日邮报》旗下网站，世界上访问量最大的报纸网站。——译者注

② 澳大利亚的一个独立、非营利性质的网站，由大学、研究机构、政府及商业机构建立，网站内容来源于研究及学术界，分为英国版、美国版、非洲版和法国版。——译者注

化学物质是如何使愉悦反应的各个阶段错位的。经常吸毒往往会使“想要”和“喜欢”的过程失衡，导致“喜欢”消失，而这仅仅是为了满足“想要”。

当考虑到有研究表明一些脑区（包括上面提到的那些）中存在“热点”（hotpot），这些热点可以增强或减弱“想要”和“喜欢”的感受时，情况就变得更复杂了，但这似乎可以解释愉悦反应的个体差异。环境因素是另一个影响因素，所有曾试图帮助年轻人抵抗同伴压力的父母或教师都明白这一点。

多巴胺的作用正在重新被人们认识，因为它实际上可能并没有促进愉悦的产生，而是在引发“想要”和奖赏期待中发挥了作用。

莫滕 · 克林格巴赫（Morten Kringelbach）教授在这一领域进行了深入研究。他在 2015 年用一场既有趣又鼓舞人心的演讲解释了多巴胺的作用，这段演讲在优兔（YouTube）上可以找到，标题是《快乐的心灵：莫滕·克林格巴赫关于快乐与幸福的神经科学》（The Joyful Mind: The Neuroscience of Pleasure and Happiness with Morten Kringelbach）。这项研究及其相关研究很有可能为成瘾和抑郁研究带来新的启示，甚至如一些人所说，为新兴的幸福科学（science of happiness）带来启发。

## 刚出生的一段时期内，我们拥有学习任何一门语言的能力

你对这句话的用词有异议吗？如果有的话，我想你可能会质疑“学习”这个词。著名的语言学家斯蒂芬 · 克拉申（Stephen Krashen）自 20 世纪 70 年代起就一直认为，我们的第一语言是**获得的**（acquired）而不是**习得的**（learned）。詹姆斯 · 祖尔提到了**统计学习**（statistical learning）在这一获得过程中的作用，他指出，在婴儿听到的许多声音中，父母反复说的词语开始从其他随机声音中凸显出来。这些词语的发音开始有意义，并开始组合成不同模式。克拉申在第二语言学习发展的领域有着重要的影响力，他的很多教学方法都基于语言获得（language acquisition）的概念。

人在出生后的几个月或几年里能够获得经常接触的任何一门语言，这

种能力是我们能够学习其他语言的基础，克拉申并不是唯一一位深入研究
这种能力的人。卡拉·摩根－肖特（Kara Morgan-Short）试图证明，就第 73
二语言的学习效果来说，沉浸式学习比通过掌握语法进行学习更有效。艾莉森·麦基（Alison Mackey）描述了摩根－肖特2014年的研究。麦基解释了**电生理**（electrophysiology）技术是如何被用于检测这两种学习方法所对应的脑活动的。这项研究让被试学习一种人造语言，采用沉浸式学习的被试表现出与使用母语时类似的脑活动。此外，麦基还报告说，尽管后来没有机会练习这种人造语言，但六个月后，沉浸式学习者比基于语法的学习者保持了更多的记忆内容。在学校环境中，受课程安排和时间表的限制，很难重现这项研究中的或婴儿早期的沉浸式语言学习环境。其他一些采用医学成像技术的语言研究者指出，语言学习为我们的脑带来的益处不仅仅是学会语言本身。

## 错误观点

### 每个人的脑都以同样的方式处理信息

每个人的脑都不相同，毫无疑问，没有两个完全相同的脑，也没有两个功能完全一样的脑。最近，脑体细胞镶嵌性网络（Brain Somatic Mosaicism Network，BSMN）研究小组已经证明，在同一个脑中甚至没有两个神经元是相同的，该小组正在研究这种单细胞遗传多样性的发现对精神病学等领域可能带来的影响（McConnell et al.，2017）。

大量的研究和文献证实，由于脑的发育是基于经验的，不同个体的脑在生理层面上的差异很可能会不断增大。但是，这并不意味着教育者面对无数差异化的脑的需求必定无所适从。在英国，有关个人学习风格及个性
化学习的问题引发了很多争论。其他地方已经对此进行过深入探讨，下面 74
我仅围绕本书的主题提出一些观点。

教师应该认识到，不同学生对教学信息的接收方式各不相同，他们对

随后将要进行的学习活动的反应也略有不同。对于教师来说，试图预先阻止这些不同的反应则是不应该的。或许更明智的做法是认识到：这些差异可能是学生产生混淆和错误的根源之一，通过多种方法进行新的学习也很重要。就课堂而言，除了可以明确判断出的存在额外学习需求的情况，也许这才是我们能够从不断增长的有关人脑差异的知识中学到的东西。认知科学家丹尼尔 · 威林厄姆（Daniel Willingham）的评论——“儿童在思维和学习方面的相似性多于差异性”（Willingham，2009，p. 147）应该用来平衡这场辩论，而不是结束这场辩论。

### 脑的两半球各自负责不同类型的心理活动

上网简单搜索一下，很容易找到“二分脑”的说法，它描绘了所谓的右脑和左脑的关键功能。图片也比比皆是。它们通常把脑右半球描绘成富有创造性且容易冲动的，把左半球描绘成富有逻辑和理性的。还有一种充满想象力的说法，它通常把左脑描绘成一个文件柜，把右脑描绘成一幅花卉画。社交媒体上的声称能够评估你的脑是左脑主导还是右脑主导的在线测试不断吸引着大众。我猜测有些人接受这样的测试只是为了娱乐，他们对测试结果持怀疑态度，但这样的测试让二分脑的说法持续存在，一些试图简化脑的网站也起到了同样的作用。

正如第 1 章所讨论的，对教师而言，认同这种过时的脑概念是危险的，特别是，由这种概念产生的刻板印象可能会限制教师对学生个人能力及潜力的看法。事实远比简单的右脑 – 左脑模型复杂。由于篇幅限制，在这里我们无法对特定脑功能的位置和神经网络进行全面介绍，也无法深
75 入探讨不断更新的相关理论。但是，我们可以简要地回顾一下神经科学的观点是如何从左右脑功能分离的概念转变为更完整的脑功能模型的。

脑的确有两个半球，但流行的二分脑文章中很少提到两个半球是由胼胝体连接在一起的。胼胝体包含了数百万条两个半球之间的联结。神经科学现在更关心的是这个区域以及另外一些联结如何使脑的两半球协同工作。脑通过神经网络发挥功能的观点已经取代了过去曾流行的脑功能模块

化的观点。早在 2003 年，斯蒂芬等人（Stephan et al., 2003）就证明了脑两半球的激活程度随任务不同而变化。这与将逻辑或创造力完全归因于一个半球的情况有很大不同。

我建议教师更新自己的观点，尽可能全面地调动学生的脑，而不必考虑是否需要重点或特别地调动某个半球的功能。想一想在我们为学生设置的挑战中，如何鼓励学生创造性地运用逻辑或理性地运用创造力，或许是更有意义的事情。

## 科学证据表明听莫扎特的音乐能够改善长期脑功能

劳舍尔（F. H. Rauscher）、肖（G. L. Shaw）和其（C. N. Ky）在 1993 年提出，他们对莫扎特作品（D 大调双钢琴协奏曲）的研究结果显示，这段音乐对个体在一系列空间推理任务中的表现产生了短期正面的影响（Rauscher et al., 1993）。我肯定当时的他们想象不到这将释放出什么信息。

英国广播电台经典 FM（Classic FM）抓住这个所谓的新发现，发行了一张名为《适合婴儿的莫扎特》（*Mozart for Babies*）的 CD，正如菲利普 · 谢泼德（Philip Sheppard）的书名所言：《音乐让你的孩子更聪明》（*Music Makes Your Child Smarter*）。治疗师唐 · 坎贝尔（Don Campbell）为**莫扎特效应**一词申请了一个注册商标。这里我要声明，我非常赞同音乐的价值及其对人类的重大意义。然而，当我们仔细探讨劳舍尔和她的同事的研究时，我们会发现一个稍微不同的故事。

这三位研究人员最初发现的效应似乎是一种非常特定的能力——空间 76
推理能力——的增强。报道中很少提到的是，这种效应非常短暂，在一些情况下仅能维持几秒钟。这个研究的被试都是美国大学生，因此这里没有证据表明这种效应会在婴儿脑或学龄脑中发生。此外，在很少得到媒体关注的后续研究中，劳舍尔和肖（Rauscher & Shaw，1998）指出这种“效果”并非在所有被试身上都可见，一些被试似乎受到其他音乐的影响，例如巴赫的音乐或流行音乐，另外还存在一部分被试，音乐不能引发其空间推理能力的增强。我们再次得到这样的结论：试验性、探索性的研究结果被过度炒作了。

直觉上，很多教师，尤其是小学教师，已经发现音乐可以影响学习。这完全是合理的，因为恰当的音乐一定能够改善学习氛围，有助于平息课堂上的不安情绪，甚至能够刻意激发课堂上的负面情绪。毫无疑问，音乐是一个强大的工具，但少有证据支持接触特定类型的音乐能够有效增强脑的特定功能。

参与音乐活动确实对脑有明显的影响。音乐可能是你还没有考虑过的潜在课堂工具。个体对不同的音乐有不同的反应，并能与特定的音乐作品产生个人联结，因此假设你的学生会跟你产生相似的反应是草率的。

### 脑在睡眠时不活跃

如果你在对第 19 点的讨论中，质疑“学习任何语言”中的“学习”一词，那么你可能也会质疑这句话中“活跃”这个词的含义。我希望你有此疑问，因为很多教师都赞同“脑在睡眠时不活跃”这种说法，我希望他们对此的理解是我们在睡眠中对自己的思维没有意识。当然，梦境分析师可能不同意这一点。

脑在睡眠时是活跃的，这非常重要，至少它能确保我们还活着，以及如有可能当出现紧急情况时及时唤醒我们。和本章所探讨的每一种观点一
77 样，睡眠足够用一整本书来讨论。鉴于本书的目的，我想借此机会提问：你能否回忆起本章前面讨论“睡眠影响脑的学习能力”这一观点时的要点？

### 记住一个只用一次的电话号码与记住一段过往经历使用的是同种类型的记忆

近年来，教育工作者对记忆形成的过程越来越感兴趣。同时，我们先前有关记忆形成的一些看法也受到了来自神经科学研究的质疑。

我与教师们讨论了标题里的说法，发现一些教师倾向于认为记忆的所有形式或作用过程基本是一样的。但标题里的观点暗示了工作记忆和长时

记忆的存在，二者对学习都具有重要意义。

很多教师都清楚学生不善于处理多重或复杂指令，我们现在能够更好地理解短期工作记忆在这个问题上的作用。工作记忆通常被称为脑的记事本或记事贴，每一个记事本的大小是不同的。威林厄姆（Willingham，2009）建议，如果你捡到一个瓶子，从里面钻出一个精灵，它能帮你实现愿望，你一定要提出增强工作记忆。教育工作者还认识到，有时糟糕的工作记忆增加了一系列困难发生的可能性（例如挫折引发的不良行为），然而，尽管糟糕的工作记忆为教师和学生带来了额外的挑战，但它并不一定意味着其他方面学习能力的糟糕。

工作记忆是对过于简化的记忆双加工模型的一种修正。根据记忆双加工模型，我们任何一种感官注意到的信息都会被送入短时记忆，如果我们在短时记忆中继续加工这些信息，随后它们就有可能进入我们的长时记忆。目前对这个过程的理解要更复杂一些。工作记忆目前被描述为一个三成分模型，其中的控制中心（在**前额叶皮质**的一个区域内）统管另外两个成分：一个是语音回路，位于顶叶和颞叶，与语言有关；另一个是视觉空间画板，它通过脑右半球的枕叶、顶叶和额叶发挥功能，与视觉信息和位 78
置有关。

长时记忆的分布范围比以前人们认为的要大得多。海马在记忆存储中的作用受到了广泛关注，但最新证据显示，脑的多个区域共同参与了记忆的编码、存储和提取，见表 4.2 中的汇总。

**表 4.2 长时记忆**

| | 信息类型 | 脑区 |
|---|---|---|
| 情景记忆 | 事件 | 海马，额叶皮质 |
| 程序性记忆 | 动作 | 小脑，纹状体 |
| 陈述性记忆 | 事实 | 海马 |

因此，目前有关记忆的解释已经离人脑－计算机的类比有了一定距离，因为这种类比假定记忆存储区是固定的。相反，我们可以看到，包含

同一条信息的不同方面的记忆分散在脑的多个区域，信息提取需要由多个区域构成的网络协同工作。约翰 · 梅迪纳指出，中风患者的一个脑区受损导致他们不能识别元音但能识别辅音这一证据，很好地说明了信息被分解并存储在不同的脑区。他举了一个中风患者的例子，该患者试图写一个句子，然而她写出来的句子中的每个单词都缺少元音字母。

梅迪纳提出的另外两个有关记忆的观点也值得教育工作者思考。第一，他提出“我们在学习的时候对信息的编码越精细，记忆就越牢固”（Medina，2008，p. 110）。这似乎合乎逻辑，因为这为提取过程提供了更多的“钩子”。第二，梅迪纳提出“通过创设与初始编码时相同的环境条件，能够极大地提升提取效果”（p. 113）。这一点对我们的学生来说不一定总能实现，但这或许解释了为什么有的学生在数学课堂上能理解一种数学计算，而到了科学课堂上就理解不了，或者在考场上回忆不起在课堂上基本掌握了的信息。因此，我在前面建议让学生到考试的教室去讨论第一次世界大战的起因。

梅迪纳承认，记忆不能简单依赖于某一个“时间点的学习”。他描述
79 了艾宾浩斯的实验，这是很多学校提倡的“分散学习”或“分散练习”的基础，它强调了间隔一段时间后，记忆需要得到强化。很多学校都接受了艾宾浩斯提出的遗忘曲线，它描述了保持、提取和分散练习之间的关系。

一些学校还考察了声称能提高工作记忆能力的计算机程序。特蕾西·帕基姆·阿洛韦（Tracy Packiam Alloway）对这一领域进行了深入研究，她曾就职于斯特拉斯克莱德大学（University of Strathclyde），目前就职于北佛罗里达大学（University of North Florida）。她认为工作记忆比之前的考试分数更能预测学习潜力，并预估十分之一的儿童在工作记忆上存在缺陷（tracyalloway.com）。她的研究在很大程度上引起了人们对工作记忆重要性的关注。阿洛韦是工作记忆培训项目“丛林记忆”（Jungle Memory）的创始人。培生（Pearson）[①] 也推出了一个类似的项目，名为 Cogmed。这

① 全球知名的教育集团，已有 150 多年的历史，致力于为教育工作者和各年龄层的学生提供优质的教育内容、教育信息技术、测试及测评、职业认证，以及所有与教育相关的服务。——译者注

些培训项目都能使受训者在项目创设的活动环境中表现出更好的工作记忆，或者在执行类似的计算机任务时表现出有所提升的工作记忆，即所谓的**近迁移**。关于这些培训能否对无关的任务产生影响，即发生远迁移，并对教育活动及其结果产生积极影响，证据依然不足。在一项有关工作记忆训练研究的元分析中，梅尔比－勒夫格和休姆（Melby-Lervåg & Hulme, 2013）得出了一个有力的结论：

> 训练效果不能迁移到无关的任务上，这表明没有证据支持这些训练方法适用于发展性认知障碍儿童的治疗方案，或适用于成人 / 儿童认知技能或学业成就的一般提升方案。（p. 283）

## 多任务同时进行比专注于一项困难的任务更有效

就像左右脑或 10% 脑的神经迷思一样，对多任务处理技能的强调以及女性在这方面的能力更强在英国已是司空见惯的说法。

我回想起那些曾经规劝我集中注意的教师，他们不愿详细为我解释为
什么必须要集中注意，对此我感到失望。在当时的我看来这只是某些教师 80
的要求。在课堂上，这是一个智力挑战以及保持专注的能力的问题。

挑战性的任务需要我们全神贯注，否则我们会犯错误、遗漏要点、失去头绪等等。21 世纪初，人们似乎相当信任新发现的多任务处理技能，尤其是在某些类型的工作中，人们可能希望几乎同时键入报告、查看电子邮件和安排日程，甚至在任务列表中再加上定时查看社交媒体。但实际情况是，注意力频繁地从一个任务切换到另一个任务往往会对每项任务的完成都带来负面影响，并且每次切换任务时都需要重新集中注意力，这也消耗时间和精力。商业界开始意识到这一点，商业期刊和杂志不仅报道了多任务处理的低效，还报道了不少研究的结果：多任务处理不利于脑健康，会损害认知功能。福布斯网站（Forbes.com）在一篇题为《最新研究表明：多任务处理损害你的脑和职业生涯》（Multi-tasking Damages Your Brain and Career, New Studies Suggest）的文章中提到了以下三项研究。

洛和金井的研究（Loh & Kanai，2014）指出，在 75 名使用几种媒体设备进行多任务处理的人中，他们的**前扣带回皮质**（anterior cingulate cortex，一个参与认知和情绪控制的脑区）的灰质改变与多任务处理水平之间存在相关（但不一定是因果关系）。斯坦福大学的一项研究早在 2009 年就提出了相关的问题（Ophir et al.，2009）。这项研究发现，经常进行多任务处理的人实际上在任务转换上表现更差，研究者认为这是由于他们无法屏蔽无关信息。《福布斯》（*Forbes*）① 还提到了伦敦大学精神病学研究所的格伦 · 威尔逊（Glenn Wilson）早期为惠普公司进行的一项被高频引用的内部研究。这项研究显示，个体若在进行多任务处理的同时接受智商测试，其被测得的智商要比正常情况下低 15 分。威尔逊对关于这项研究的失实报道感到有些懊恼，因为研究结果并没有公开发表过。他对这项研究的评论可以在他的网站上看到（www.drglennwilson.com/infomania_experiment_for_HP.doc）。2005 年以后，他再也没有回到这个研究领域。

研究继续围绕多任务处理及中断展开，另一些正在进行的研究探讨了
81 极少数人的脑神经差异，这些人似乎能够在不降低任何一项任务质量的情况下完成多项任务。丹尼尔 · 戈尔曼因其在情绪智商方面的研究而为许多教师所熟知，他最近的一本书讨论了我们的学生在应对多重刺激时所面临的挑战。这本书的书名是《专注》（*Focus*），书名定义了在戈尔曼所描述的信息时代获得成功所需要的关键能力。看起来，那些没有解释为什么坚持要我集中注意的教师其实是对的。

## 通过脑部扫描可以看到多元智力

很多教师都熟悉霍华德 · 加德纳（Howard Gardner）的多元智力理论，或者至少熟悉它提出的各种智力：空间智力、言语智力、逻辑 – 数学智力、运动智力、音乐智力、人际智力、自知智力和自然智力。最后一个是对原来的七种智力的补充。加德纳认为很可能还存在其他智力。多元智力

① 美国的一本福布斯公司的商业杂志，该杂志以金融、工业、投资和营销等主题的原创文章著称，同时也报道技术、通信、科学和法律等领域的内容。——译者注

理论被证明是一个对教育者很有用的理论，因为它力图识别不同的“智力”，赞美儿童不同的天赋，并力图在课堂上利用这些天赋。然而，加德纳急切地想把多元智力理论与它饱受批评的近亲——学习风格理论剥离开来，而很多评论者都认为二者之间存在关联。

如果多元智力理论是一种实用的理论，那么它能否得到神经科学的支持还重要吗？尽管最初的多元智力理论将神经科学作为其理论基础之一，加德纳似乎也一度承认，没有神经生物学的证据支持多元智力理论。他也承认，在学校课程中乃至世界上大多数地方，言语智力和逻辑－数学智力都占据着主导地位。然而，最近有人重新提出支持多元智力理论的证据。希勒和克拉宁（Shearer & Karanian，2017）查阅了大量探索每一种多元智力的神经机制的文献，以确定脑中是否确实存在一致的、对应每一种智力的结构。例如，就人际智力对应的脑区而言，他们发现 38.74% 的文献提到了前额叶皮质，只有一篇文献（0.9%）提到了小脑。希勒和克拉宁
得出结论，存在神经科学证据支持多元智力理论，这些证据与加德纳最初 82
提出的每一种智力对应的脑活动位置具有良好的一致性。但他们也承认，就目前的情况而言，要将多元智力理论作为神经科学与教育之间的桥梁仍存在困难。无论如何，如果这个理论对教师有帮助，对学生有益，那么它至少仍是一个实用的理论。

## 一般来说，我们只使用了 10% 的脑

克里斯蒂安·贾勒特（Christian Jarrett）指出：

> 有些迷思失去活力不再流行，或者只存在于大众信仰的边缘。另一些迷思则表现出非凡的僵尸般的耐力，通过不断增加的矛盾证据继续前进。这些顽固的流行迷思往往被那些自封的大师或布道者用来支持他们骗人的讲座或活动。一些经典迷思的持久耐力也得益于其描述的美好幻景——它们颂扬那些一旦成真将是超级好消息的情况。（Jarrett，2015，p. 51）

就这最后一个错误观点而言，必须承认贾勒特描述的每一个方面都是事实。我们每个人都拥有尚未开发的巨大潜能，这一观点的确很吸引人。我们可以看到，电影行业已经从 10% 脑迷思中找到了很多乐趣，例如 2014 年的电影《超体》，2011 年的电影《永无止境》（*Limitless*）。和大多数迷思一样，10% 脑迷思在其演变过程中掺入了错误解释和没有根据的建议。

很多作者都指出，著名心理学家威廉 · 詹姆斯（William James）曾提出，我们的智力水平比我们认识到的更高。他在《人类的能量》（The Energies of Men；James，1907）一文中提到了“日常生活中完全没有开发出的力量源泉”。其他人似乎认为应该在不同程度上相信这种未开发的潜能，而寻求减少癫痫发作方法的脑外科手术曾一度发现脑组织中的不活跃区，这进一步增加了以上说法的科学性。当然，现在很少有人再去反驳这个已经再清楚不过的事实，即除了存在脑损伤的情况，我们使用了全部的脑，尽管不是同时使用所有部分，进化并不会毫无目的地选择留下脑中的某一部分。

## 83 有争议的观点

### 脑有时会“修剪”或删除神经联结

我们知道这种情况是存在的，那为什么这一点会出现在“有争议”的部分？

让我来解释一下。你可能听过关于脑“用进废退”的说法。这通常是指认知功能，有时也指记忆。这个说法有一定的道理，因为如果突触和轴突不发挥作用就有可能退化，但换个角度说，一些突触修剪实际上是必要的。

脑在早期的发育过程中创建了冗余的联结，然后再对这些联结进行删除和重组。早期发育阶段通常持续到童年晚期，即便到这时，脑中仍然存在大约八九百亿个神经元，这些神经元之间存在上万亿个联结，因此出现一些删除和重组的情况不足为奇。另一个出现大量删除和重组的阶段是青春期。

早年的突触密度引发了“关键期”的概念，即进行特定类型的学习的关键时期。过去这让很多教育者认为，如果学生在特定的年龄段没有学会某些东西，那么他们就再也不可能学会这些东西了。“关键期”的确是学习某些东西的好时机，但现在这一概念已经被“敏感期”取代。这意味着，学习在所有阶段都可能发生，但一些学习可能会在某些阶段变得更困难，因为这些阶段不是这些类型学习的最佳时期。由于多种原因，这一点对成人和儿童都很重要，尤其是对那些早年缺乏关爱的儿童。如果提供适当的机会和支持，这些儿童遭受的伤害在某种程度上是可逆的，这对于提升这部分儿童身边的教育工作者的士气来说非常重要。

托马斯和诺兰（Thomas & Knowland，2009）认为，脑发育的敏感期可以在学校课程规划中发挥更大的作用。萨拉 – 杰恩 · 布莱克莫尔的研究从脑发育的视角为青春期问题带来了新的见解，使人们不再把这段时期仅
仅看作荷尔蒙作怪的结果。第 6 章对她的研究和观点进行了更深入的 84
探讨。

## 智力是遗传而来的

这个问题不仅比“先天还是后天”更为复杂，而且还可能是一个充满压力和争议的问题：

> 无论是对环境决定论者或者遗传 – 环境混合决定论者来说，最令人费解的现象之一是，富有的专业人士的家庭出现了极其迟钝的孩子，而在父母的个人、文化和经济条件看起来会使孩子在各个方面都遭遇失败的家庭却出现了极为聪明的孩子。（Burt，1957，p. 139）

上述文字出现在伯特（Burt，1957）爵士的《优生学评论》（*The Eugenics Review*）一书中。伯特的观点表明有关能力的讨论在很大程度上承载了社会、政治和经济因素的考量，并且很可能以偏概全。尽管这段话肯定无法通过当代任何一个敏感性和正确性的测试，但我们从他的话中还是能够提取出一些积极的东西。让伯特感到困惑的问题似乎在于，无论遗传还是环境都不能作为一种可靠的指标，用来衡量所谓智力的全面特征。我们现在知道遗传和环境不仅同样重要，而且还存在交互作用。遗传与环境相互作用并受到环境的影响。行为遗传学家阿什伯里和普洛明（Asbury & Plomin，2014）用三种基因型 – 环境的相关类型描述了这一现象，这有助于伯特解决他的难题。表 4.3 总结了这三种类型。

**表 4.3　基因型 – 环境的相关（Asbury & Plomin，2014）**

| 相关类型 | 描述 |
| --- | --- |
| 被动型 | 低热情、低抱负、低成就的父母，该类型通过基因和家庭环境传递 |
| 唤起型 | 儿童的行为表现出明显的遗传倾向，被教师发现和利用，教师提供更多机会来发展孩子的特殊技能和兴趣 |
| 主动型 | 儿童积极地追寻与其遗传倾向一致的活动和人 |

85 这个问题似乎难有定论：环境和遗传都起了作用。对于教师来说，最重要的是认识到这两个因素都不能独立存在或预测未来。很多学校，以及像英国皇家特许教育学院（Chartered College in Teaching）首席执行院长艾莉森 · 皮科克（Alison Peacock）夫人一样有影响力的人物都越来越深刻地认识到，考试成绩不应被视为未来成就的代表，而应被视为某个时间点上成就的标志。教师应该挑战自己基于学生的家庭历史和环境所做出的简单假设，很多教师确实这样做了。在某种程度上，当这些因素不能起到积极作用时，其他方面仍然可以发挥作用。阿什伯里和普洛明解释说，行为遗传学研究的一个关键原则是“遗传具有连续性，环境具有可变性”（Asbury & Plomin，2014，p. 26）。他们将这一原则应用到学业表现上，为这场简短的讨论提供了一段发人深省的结语：“随着时间的推移，任何方

向上出现的明显反常的变化都可能是经验的结果，而不是遗传的结果。这些经验包括富有感召力的教师、丰富的实践、创伤性事件或糟糕的伙伴。”（p. 26）

**总结 · 练习 · 思考**

- 你已对本章的 19 个观点做出了判断，你现在如何看待自己的这些判断？
- 一些学校探讨了神经迷思。这种探讨在你的学校中将如何进行？你希望它达到什么目的？

## 术语表

**杏仁核**（amygdala）：边缘系统的一个区域，与探测意识或潜意识层面感知到的威胁性刺激并对其做出反应有关。与通常的说法相反，杏仁核本身并不会产生恐惧情绪。

**前扣带回皮质**（anterior cingulate cortex）：在扣带回皮质的前部，这
个区域在多种认知功能中发挥作用，包括决策、冲动和情绪控制 86
（包括管理社会行为）以及记忆提取。为了发挥这些作用，它与另外几个脑区相连。后扣带回皮质也参与了这些功能的不同方面，并可能参与了对注意力焦点的控制，尤其是控制注意力的焦点是内部的还是外部的。

**小脑**（cerebellum；见第 2 章）：位于脑后下部的区域，主要负责运动、平衡、协调、运动技能学习和视觉（协调眼球运动）。尚不清楚其在语言和情绪中的作用。

**大脑皮质**（cerebral cortex；见第 1 章“皮质”）：构成人脑外层的褶皱灰质。

**电生理学**（electrophysiology）：研究人体内部电活动的科学，就神经科学而言，电生理学研究神经元之间的电活动。

**神经胶质细胞**（glia cell）：最初被认为是能保持神经元的位置并使其绝缘的细胞（“glia”在希腊语中是“胶水”的意思），但现在被认为能执行一系列与脑发育和神经传递有关的功能。它们数量丰富，有多种存在类型，与神经元不同，它们不传导电脉冲。大量研究正在探索神经胶质细胞缺陷与多种疾病和障碍之间的关联。

**海马**（hippocampus；见第 2 章）：位于内侧颞叶，是边缘系统的一部分。它的主要功能与学习和记忆形成、空间导航以及情绪控制有关。这意味着，它可能在情绪触发记忆的过程中发挥了作用。

**淋巴系统**（lymphatic system）：淋巴管和淋巴结组成的网络，淋巴液通过它被运输。这种以白细胞为基础的液体在清除毒素和发挥免疫系统功能方面起着重要作用。

**运动皮质**（motor cortex）：在大脑皮质中央沟的前面，沿两个半球的一侧分布，运动皮质的不同区域参与对身体不同部位的控制。

87 **神经再生**（neurogenesis）：新神经元的产生。现有证据表明，这种情况在成人的海马和侧脑室（脑室指脑中容纳脑脊液的腔体）内会继续发生。

**枕叶**（occipital lobe）：枕叶位于大脑皮质的后部，包含初级视觉皮质。

**顶叶**（parietal lobe）：顶叶位于额叶的后面，包含初级体感皮质，对感觉信息的感知和管理至关重要。顶叶的其他功能还包括注意、空间与环境意识以及言语。顶叶也被称为“联合区”，因为它整合了多种信息和行动。因此，顶叶受损会影响一系列功能。

**前额叶皮质**（prefrontal cortex）：额叶的前部区域。目前认为该领域在高级认知、管理行为、个性和决策等复杂的执行功能中发挥着重要作用。它的发育在 20—30 岁年龄段的中后期完成，是最后一个完成发育的皮质区域。

**纹状体**（striatum；见第 3 章“背侧纹状体”“腹侧纹状体”）：**背侧纹**

**状体**指纹状体的上部区域，基底神经节的一部分。背侧纹状体分为尾状核和壳核两个区域。纹状体是运动和奖赏网络的一部分，因其与大脑皮质的一系列区域相互作用，被认为与行为和认知有关。**腹侧纹状体**指纹状体的下部区域，基底神经节的一部分。腹侧纹状体包含伏隔核。与背侧纹状体一样，该区域与奖赏有关，包括采取行动寻求奖赏，因此可能与成瘾行为有关。

**突触的**（synaptic；见第 1 章“突触活动”）：与突触有关，在突触中，动作电位（神经冲动）以化学形式或电形式在神经元之间传递。突触指一个神经元的轴突与另一个神经元的树突之间的间隙。电突触涉及神经元之间的直接接触，而在化学突触中，神经递质通过突触间隙进行交流。

**腹侧被盖区**（ventral tegmentum）：中脑的一个区域，是中脑边缘系统 88
的一部分，向中脑边缘系统输送富含多巴胺的神经元，同时也将这种神经元送到大脑皮质。

## 参考文献


Asbury, K. and Plomin, R. (2014) *G is for Genes*. Chichester: Blackwell.

Burt, C. (1957) Inheritance of mental ability. *The Eugenics Review* 49(3):137–139.

Costandi, M. (2013) *50 Ideas You Really Need to Know: The Human Brain*. London: Quercus.

Frank, C., Land, W. M., Popp, C. and Schack, S. (2014) Mental representation and mental practice: Experimental investigation on the functional links between motor memory and motor imagery. *PLoS ONE* 9(4): e95175.

Goleman, D. (2013) *Focus*. London: Bloomsbury.

Hamzelou, J. (2015) Scans prove there’s no such thing as a ‘male’ or 'female' brain. *New Scientist*, 30.11.15.

Howard-Jones, P. (2010) *Introducing Neuroeducational Research*. Abingdon: Routledge.

Ionescu, T. and Vasc, D. (2014) Embodied cognition: Challenges for psychology and education. *Procedia – Social and Behavioural Sciences* 128: 275–280.

James, W. (1907) The energies of men. *The Philosophical Review* 16(1): 1–20.

Jarrett, C. (2015) *Great Myths of the Brain*. Chichester: John Wiley.

Lakoff, G. (2015) How Brains Think: The Embodiment Hypothesis. Available at https://www.youtube.com/watch?v=WuUnMCq-ARQ. (accessed 14.6.18).

Loh, K. K. and Kanai, R. (2014) Higher media multi-tasking activity is associated with smaller grey-matter density in the anterior cingulate cortex. *PLoS ONE* 9(9): e106698.

Mackey, A. (2014) What happens in the brain when you learn a language? Available at: www.theguardian.com/education/2014/sep/04/what-happens-to-the-brain-language-learning 04.09.14 (accessed 15.10.17).

McConnell, M. J. et al. (2017) Intersection of diverse neural genomes and neuropsychiatric disease: The brain somatic mosaicism network. *Science* 356(6336).

Medina, J. (2008) *Brain Rules*. Seattle: Pear Press.

Melby-Lervåg, M. and Hulme, C. (2013) Is working memory training effective? A meta-analytic review. *Developmental Psychology* 49(2): 270–291.

Nedergaard, M. and Plog, B. A. (2018) The glymphatic system in central nervous system health and disease: Past, present and future. *Annual Review of Pathology* 13: 379–394.

89 neurosciencenews.com (2017) Adult brains produce new cells in previously

undiscovered area. Available at: https:neurosciencenews.com/neurogenesis-ptsd-amygdala-7304/ (accessed 17.8.17).

OECD (2002) *Understanding the Brain: Towards a New Learning Science*. Paris: OECD Publishing.

Ophir, E., Nass, C. and Wagner, A. D. (2009) Cognitive control in media multitaskers. *Proceedings of the National Academy of Sciences* 106(37): 15583–15587.

Ratey, J. (2007) *A User's Guide to the Brain*. London: Abacus.

Ratey, J. and Hagerman, E. (2010) *Spark! How exercise will improve your brain*. London: Quercus.

Rauscher, F. H. and Shaw, G. (1998) Key Components of the Mozart Effect. *Perceptual and Motor Skills* 86: 835–841.

Rauscher, F. H., Shaw, G. L. and Ky, C. N. (1993) Music and spatial task performance. Nature 365(6447): 611.

Riddle, D. R. and Lichtenwalner, R. J. (2007) Neurogenesis in the adult aging brain. In: Riddle, D. R. (ed.) *Brain Aging: Models, Methods and Mechanisms*. Boca Raton, FL: CRC Press/Taylor and Francis.

Ritchie, S. J., Cox, S. R., Shen, X., Lombardo, M. V., Reus, L. M., Alloza, C., Harris, M. A., Alderson, H., Hunter, S., Neilson, E., Liewald, D. C. M., Auyeung, B., Whalley, H. C., Lawrie, S. M., Gale, C. R., Bastin, M. E., McIntosh, A. and Deary, I. J. (2017) Sex differences in the adult human brain: Evidence from 5,216 UK Biobank participants. *BioRxiv*. Published ahead of print 4.4.17. https://doi.org/10.1101/123729.

Shearer, C. B. and Karanian, J. M. (2017) The neuroscience of intelligence: Empirical support for the theory of multiple intelligences. *Trends in Neuroscience and Education* 6: 211–233.

Sheppard, P. (2005) *Music Makes Your Child Smarter*. Ivor Heath: Artemis Editions.

Stephan, K. E., Marshall, J. C., Friston, K. J., Rowe, J. B., Ritzl, A., Zilles, K. and Fink, G. R. (2003) Lateralised cognitive processes and lateralised task control in the human brain. *Science* 301(5631): 384–386.

Stickgold, R. and Walker, M. P. (2007) Sleep-dependent memory consolidation and reconsolidation. *Sleep Medicine* 8(4): 331–343.

Thomas, M. S. C. and Knowland, V. C. P. (2009) Sensitive periods in brain development: Implications for education policy. *European Psychiatric Review* 2(1): 17–20.

Willingham, D. T. (2009) *Why Don't Students Like School?* San Francisco: Jossey-Bass.

Wilson, A. D. and Golanka, S. (2013) Embodied cognition is not what you think it is. *Frontiers in Psychology* 4. doi: 10.3389/fpsyg.2013.00058.

Zull, J. E. (2011) *From Brain to Mind*. Sterling, VA: Stylus Publishing.

# 第 5 章

# 如何掌握准确可靠的信息

在本章我们将：

- 探索如何管理不断增长和更新的脑知识体系
- 思考教师**研究素养**（research literacy）的问题（BERA-RSA，2014）
- 探究教育神经科学研究的可靠来源
- 思考好的研究具备的特点

91 为了赋予本章“建筑学上”的意义，我把本章放在书的中心位置，让它成为其余章节的支柱。之所以这样做，是因为本章的主题涉及教师的专业知识和技能如何发展，以及脑科学知识如何进入公众视野的基本问题。在英国以及许多独立学校（individual school）实施的一系列国家项目都认识到了研究的重要性。一些项目和组织正在协助创设了解研究的渠道和从事研究的机会。不断增加对研究文献的开放存取是一个有益的进步。多年来，我一直听到这样的抱怨：只有修读大学课程或者支付费用才能获取研究文献。在讨论神经科学研究之前，我先列举一个教师参与研究的案例，讨论教师是如何定义研究的，并就一些支持教师研究的项目和组织展开讨论。

## 研究素养

2014 年，英国皇家艺术、制造业和商业促进协会（Royal Society for the Encouragement of the Arts, Manufacturing and Commerce，RSA）和英国教育研究协会（British Education Research Association，BERA）发表了一份题为《研究与教师职业》（Research and the Teaching Profession）的联合报告。报告提出了英国的“教师职业”的概念，在这个概念中“所有教师都要具备研究素养”（BERA-RSA，2014，p. 5），这个概念还将研究素养列为构成教师职业身份的三个相互交叠的成分之一，另外两个成分分别是实践经验、学科与教学知识。该报告描述了培养教师研究素养并使其产生影响的目的和条件：

- 教师和教师教育者要想取得最佳效果，就必须进行研究和探索，这意味着要紧跟其学科领域的最新进展以及整个教育学科的进展。
- 教师和教师教育者要能够进行探究性实践，具备相应的能力、动机、信心和机会。

- 对探究性实践的强调应贯穿于职前教师的教育培训乃至教师的整个职业生涯中，以便规范的创新和协作式的探究能够融入学校或学院的生活，成为正常的教学和学习方式，而不是特例。（p. 6） 92

报告指出，有国际证据表明，在芬兰、新加坡等国的常被视为最成功的教育体系中，教师参与研究是一个重要因素。在这些国家，研究参与反映在课堂活动的性质上。该报告讨论了在英格兰、北爱尔兰、威尔士和苏格兰，教师参与研究的政策可变性和实践。它将研究素养放在“研究氛围浓厚”的学校里（p. 5），置于“自我完善的教育系统”的核心（p. 12）。在这样一个系统中，研究不是一种附属品，而是作为一种权利，敦促学校不仅为教师，也为学生提供以研究为基础的教学方式。

提倡学校参与研究的呼声并非首次出现。就教育神经科学相关的合作而言，欣顿和费希尔（Hinton & Fischer，2008）提倡在学校和心智、脑与教育研究之间实现“动态的”“双边的”互动（p. 158）。2010 年，费希尔等人感叹很多教育实践都缺乏可靠的证据基础。他们呼吁更加重视研究性学校，这种呼吁基于约翰·杜威（John Dewey）所描绘的实验学校的愿景。历史上第一所实验学校是 1894 年创设的**杜威学校**（Dewey School），1901 年其更名为**实验学校**（Laboratory School），它在经历了早期的曲折后，最终成为著名的芝加哥大学实验学校的一部分。

## 定义“研究”

《研究与教师职业》提供了一个“宽泛的、综合性的对研究的定义”，将其解释为“为了进一步了解特定教育问题而进行的任何有目的的调查”（BERA-RSA，2014，p. 40）。报告提供了一些例子：

- 对某一特定问题的现有数据进行分析； 93

- 就工作表现的某一方面对同事进行访谈；
- 参与与特定学科领域有关的国家层面的随机对照试验；
- 参与调查；
- 与大学院系合作。

探究性学习也被认为是这一广义定义中的一部分。有时也被称为探究性实践、行动研究，或小规模行动研究。

教师通常没有时间或意愿去开展任何工作以外的正式研究，除非这样做是为了取得更高的资质，或作为更大的项目中的一部分。但在学校的鼓励下，优秀的教师必然会开展一些非正式的研究。

厄尔瑟斯和伊尔根斯（Ertsas & Irgens，2017）将这一过程描述为一个“专业理论化”的过程（p. 334），采用动词“理论化”而非名词“理论”是这个术语的关键。他们提出，在这一过程中，理论和实践不应有主次之分（p. 334），这会使二者两极分化，应鼓励将二者作为相互关联的因素去探索。这一观点挑战并影响着未来的教师专业实践。厄尔瑟斯和伊尔根斯以韦尼格（Weniger，1953）的研究成果为基础，描述了一个专业理论化的三级模型，我认为这个模型有助于我们正确看待教育神经科学，甚至会为教育神经科学融入教学实践提供思路。

厄尔瑟斯和伊尔根斯将这个模型的初级阶段标记为 T1（理论化 1），这个阶段的理论化建立在教师对其实践经验的个人反思和评价的基础上。在 T2（理论化 2）阶段，这些反思被表达出来并与其他人分享，最有可能分享的对象是在同一环境中工作的同事，这些教师个体的理论化可能相互影响。在 T3（理论化 3）阶段，这一过程需要利用更广泛的专业资源和知识，这显然需要参与研究（research engagement）。如果要让神经科学帮助建设教育学，那么教师就必须接受将参与研究作为专业化过程的一部分，而不是简单地把它留给并不了解课堂的神经科学家，让他们去建立教育学的理论。我建议，教师应该逐渐开始在这个专业理论化的过程中考虑教育
94 神经科学——但正如本书中不止一处提到的，除了教育神经科学以外，教

师应该同时考虑在专业上值得进一步吸收的其他资源。在第 10 章中，我们将进一步讨论在利用神经科学知识来设计教育学方面，教师可以发挥的作用。厄尔瑟斯和伊尔根斯的专业理论化模型如图 5.1 所示。

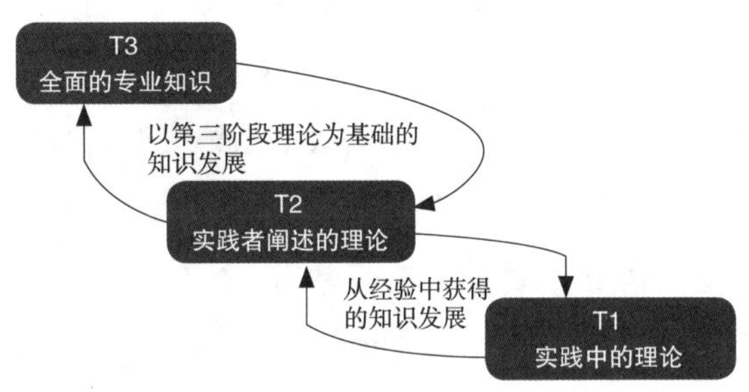


**图 5.1　专业理论化**（Ertsas & Irgens，2017，p. 340）

需要注意的是，对前文中有关研究的定义进行扩展并不意味着降低关于研究的各种标准，例如良好的研究设计、伦理考虑、恰当的数据收集与分析方法、与其他研究的相互参照、评估相关研究的有效性和重要性、识别研究的局限以及对未来研究方向的确定等等。对此，我们将在下面提供一些指导，但是首先我们需要考虑阅读研究报告的关键问题，以及阅读教育神经科学和其他神经科学研究报告所面临的挑战。

## “谁”来阅读研究报告?

这并不是一个愤世嫉俗的节标题，也并未暗示“没有人真的读过所有这些研究”，而是一个关于教师如何参与研究的严肃问题。

这里我关心的问题是：教师应该自己阅读研究报告，还是让别人代替他们阅读研究报告？这两种方法都是有价值的：让第三方来选择教师应该关注的研究、对个别研究做出解释，以及让第三方来总结研究结果和未来研究的方向，这些都可以为教师提供信息和节省时间。例如，有效教育 95

研究所[1]（Institute for Effective Education）提供的《最佳证据简讯》（*Best Evidence in Brief*）及其举办的活动，以及 2018 年 4 月以来的 researchED[2] 旗下的杂志。然而，综述、研究摘要、观点和立场陈述不应该取代教师为自己进行的选择、阅读和理解。任何专业人士都应该有能力理解和批判性地评估那些试图影响其实践领域的研究。这必须包括对研究方法的理解。这的确是一个多方面的挑战，但它不是人们拒绝应对挑战的理由，很多有进取心的学校已经找到了解决问题的办法。同样，教育神经科学的研究也对我们的理解提出了挑战，尽管研究经常有一定难度，我们仍然应该努力去迎接那些挑战。不可否认，这既需要实际行动，也需要执着的精神。

## 怎样阅读研究报告？

下文所述的一些资料来源提供了研究概要或研究机构的新闻稿。然而，即便是这样的信息来源也可能在标题上采取吸引眼球的表述方式。因此，阅读标题以外的内容，甚至进一步阅读能够找到的原始信息是很有必要的。例如，标题通常不会指出这是一项基于动物的研究。尽管很多动物研究为人类研究提供了方向，但在我看来，利用动物研究的结果来解释课堂规律过于牵强。珀迪和莫里森（Purdy & Morrison，2009）进一步指出，任何要运用到教育中的神经科学研究结果都应该事先经过教育场景下的试验。他们担心，北爱尔兰修订课程（Northern Ireland Revised Curriculum）的理论基础落入了“科学可靠性”的陷阱，其使用的神经科学信息没有在
96 教育场景下进行过正式测试，而且过于简化（p. 99）。珀迪和莫里森重申了戈斯瓦米（Goswami，2006）对一些学习包的涌现和快速生产提出的警告，这些学习包声称自己“基于脑”，但未经严格试验就已投入市场。其

① 加拿大的一家专为有特殊学习需要的个体提供教育及其他服务的非营利公司。——译者注

② 一个致力于将教育研究与教育实践联系起来的组织，通过发行杂志和举办活动将研究者、教师、政策制定者聚集起来，共享信息，打破藩篱。——译者注

中一些产品还存在这样的问题：它们从研究中获得灵感并引用这些研究，但实际上这些研究与产品之间没有直接关联；研究人员可能对以自己的研究为基础的产品一无所知。通常人们认为这不是大问题，然而我遇到过这样的情况：被引用的研究并没有提供产品所声称的研究证据，还有一些情况下，产品引用的证据在其他研究中存在很大的争议。很多教育产品根本没有任何研究依据，而是采用推荐信作为依据，它们通常是那些使用过该产品的孩子的父母写的推荐信。通常情况下，他们的孩子还会体验其他干预措施，因此不能将观察到的任何进步迹象归功于任一单独因素。科尔哈特和麦克阿瑟（Colheart & MacArthur，2012）描述了两个这样的例子，第一个产品是宣称至少在 17 种情况下有效的《奇迹地带》™（*Miracle Belt* ™），第二个产品是向日葵疗法（Sunflower Therapy），对于这两个产品，布尔（Bull，2007）找不到能与父母提供的主观效果相一致的客观的正面结果。这并不意味着这些产品没有价值，在有的情况下，后续研究可能会证实它们的价值，但当商业利益与夸大的、未经证实的宣传并驾齐驱时，尤其是在一个焦虑而脆弱的市场中，这无疑是一个令人担忧的问题。

科尔哈特和麦克阿瑟（Colheart & MacArthur，2012）对教育产品功效的研究提出了一些相关问题。他们描述了四个“混淆因素”（p. 217）。第一，可能存在“练习效应”（p. 217），即参与者更好的行为或能力结果仅仅是因为对任务熟悉度的提高使得他们在该项活动中表现更好。第二，后测时可能存在的“成熟效应”（p. 217），即参与者的年龄增长可能在一定程度上导致了稳定或提高的结果。第三，根据统计方法可以预期，分数远低于平均值的测试组将有向着平均值变化的趋势（均值回归）。第四，还有安慰剂效应的可能性：参与试验的行为本身可能会影响参与者的动机。有力的研究证据证明了这些因素的存在。

我想我并没有让那些热衷于学习教育神经科学的读者变得更轻松。我 97
再次希望读者能够意识到任务的复杂性和接受单一信息来源的危险性。这里我要重申第 1 章讨论过的问题：神经科学可能“很诱人”且具有科学权威性，以至于我们觉得无法质疑。我所有的更进一步的担忧是不同的分析方法产生的问题，正如武尔等人（Vul et al., 2009）所质疑的那样。他们在《功能性磁共振成像研究中情绪、人格与社会认知之间令人费解的高相关》(Puzzlingly High Correlations in fMRI Studies of Emotion, Personality, and Social Cognition）一文中，质疑功能性磁共振成像研究中使用的分析技术缺乏细节，并且不同研究之间存在技术差异。这篇文章最初使用的标题颇具挑战意味：《社会神经科学中的巫毒相关①》(Voodoo Correlations in Social Neuroscience)。他们呼吁作者使用一致的、无偏倚的方法对功能性磁共振成像数据进行重新分析，以大幅度减少这一危险现象的出现——过高的相关结果“产生了看起来让人放心的散点图”(p. 274)。里斯伯格（Lisberger，2013）进一步提出有关数据造假的担忧：数据造假很容易实现，但要检测出来却很困难。

我们应该从这里获得的信息是，我们需要谨慎地看待所有研究的结果，在相关的研究中寻找支持和重复性证据，并且不要期待奇迹般的发现。相反，我们应该期待缓慢且不可预测的进展。这并不意味着我们不能参与并做出创造性的反应。研究论文通常会指定一个通讯作者，我想知道有多少教育神经科学研究的作者收到了来自课堂实践者的讯息？这是我们努力在各个学科之间搭建桥梁的另一个机会。

## 研究指南

2015 年，compoundchem.com 网站分享了一幅信息图，名为《发现伪科学的粗略指南》(A Rough Guide to Spotting Bad Science, www.compoundchem.com/2014/04/02/a-rough-guide-to-spotting-bad-science/)。这个指南很快被社交媒体转发，在教育界广为传播。在此，我们将其视为一个有助于鉴别研究好坏的通用指南。该指南的作者当时着重强调这只是一

① “Voodoo”译为“巫毒教”或“伏都教”，是源于非洲西部的一个宗教，“巫毒相关”一词用以形容某些神经科学的研究结果因具有迷信色彩而不可信。——译者注

个“粗略指南”，没有涉及深入的细节。也有人指出，尽管这些都是优秀 98
研究的特征，但这并不意味着一项研究要达到“优秀”的标准，就必须具备**所有**这些特征。该信息图提出了 12 个需要考虑的方面：

1. 耸人听闻的标题（在媒体中表现为过分简化或带有误导性）。

2. 曲解研究结果（在二手报告或者原始研究中）。

3. 利益冲突（研究由利益相关方资助，但这并不总是意味着研究中存在不可靠的主张）。

4. 相关和因果（前者不一定意味着后者，不过它代表了一种常见的研究思路，因此也不必被排除在外）。

5. 无根据的结论（明确的结论与推论之间的界限）。

6. 样本量的问题。（实际上小样本也可以提供信息，还可以为大规模研究的分析提供更多细微差别的信息。从在学校中开展小规模实践研究的教师的角度来说，这一点非常重要。教师不应该仅仅因为只研究了个别学生在特定学科领域遇到的问题而认为自己的研究没有价值。）

7. 使用了不具有代表性的样本（例如，许多研究使用了大学生样本，因为在校大学生样本方便易得）。

8. 未使用对照组（使用对照组在教育场景中较难实现，但在进行对比和评估效果方面具有明显的价值）。

9. 未采用盲测（同样，盲测在教育场景中不易实现，但是应该考虑如何采用这种方法）。

10. 选择性地报告数据（例如，只报告支持某个特定结论的数据，忽略不支持该结论的数据）。

11. 结果不可重复（教育领域的另一个困境，因为教育场景很少能被复制。然而，这样的研究也的确揭示了可能出现某种形式的类似结果）。

12. 未经同行评审的材料（正如 compoundchem.com 在信息图中指

出的，通过同行评审对研究进行评判是科学研究过程的关键组成部分）。

99 克里斯蒂安·贾勒特（Jarrett，2015）针对神经科学领域的报告和主张提出了一些类似的指南。正如贾勒特指出的那样，几乎在旧的神经迷思被揭穿的同时，新的迷思也随之产生。贾勒特建议从以下六个方面“武装自己对抗神经谎言”（p. 7），其中有一部分与上述的 12 个方面有异曲同工之处：

1. 留心对神经科学不必要的引用。
2. 寻找利益冲突。
3. 当心浮夸的说法。
4. 小心诱惑性的比喻。
5. 学会识别高质量的研究。
6. 分辨因果和相关之间的区别。（pp. 7–9）

教育神经科学中心（Centre for Educational Neuroscience）是由伦敦大学学院（University College, London, UCL）、伦敦伯克贝克大学（Birkbeck University of London）和伦敦大学学院教育研究院（UCL Institute of Education）共同建立的一个平台，旨在为教师提供指导，帮助他们根据可靠的研究实践来评估教学策略。该中心提出了以下几个要点：

- 对比：需要对一部分孩子使用某种教学策略，而其他孩子不使用。
- 随机分配：在班内已有的小组之间分配该教学策略。
- 活性剂（active agent）：如果该策略有效，你希望在同事中推广这种策略，那么你需要弄清楚什么是活性剂，即什么使得该策略有效，以便将其应用于不同的问题。

- 对照组：与对比类似，但还强调实验组和对照组都不应该知道正在进行试验的新策略，因为这可能会影响他们的反应，使结果不可靠。
- 测量指标：应该测量什么以确定该技术的有效性？
- 双盲实验：理想情况下，应该由一名同事将任务/策略分配给不同的组，这样你就不知道哪些孩子属于哪个组。
- 客观性：你当然希望这个试验是成功的，但是你是否只关注了那些该策略对其有效果的儿童？该策略是否会给其他儿童带来困难或 100
者影响孩子其他方面的能力？保持客观性意味着接受并探索策略失败和局限的方面。
- 儿童差异：如上所述，这种策略可能对部分孩子有效，对其他孩子无效。在这种情况下，你将如何决定是否执行该策略？
- 伦理：你正在做的事情对所有孩子公平吗？如果该策略是成功的，你将如何将它应用到最初没有接受这种策略的孩子身上？
- 真实性：教育有效性的结论背后有什么支持性的证据？

教育神经科学中心领导了一系列研究项目，中心的网站上有这些项目的总结。该中心还定期举办对公众开放的研讨会。还有另外一些英国大学也从事教育神经科学的研究，这里无法一一介绍。或许，建议读者在所在地区的基础上对此进行调查会更好。我们将在第 7 章再次讨论这个问题。

本 · 戈德契（Ben Goldacre）的工作也对研究过程以及研究过程如何被坚持或滥用做出了很好的解释。戈德契以一种发人深省又不失风趣的方式，对教育研究和科学研究都提出了挑战。他的书《小心！不要被“常识”骗了》（*Bad Science*；这也是戈德契个人网站的名称）和《想这么简单你就输了！》（*I Think You’ll Find It’s a Bit More Complicated Than That*）是很好的例子，戈德契将后者描述为“我最有趣的战斗的集合”。

## 可靠的信息来源（但别轻易相信它们）

接着上面的话题，在推特上你可以找到一些知识渊博、具有高度批判性的神经科学“监察人”，例如 neurocritic，neurobollocks 和 neuroskeptic。这些账号会定期列出一些耸人听闻的头条新闻，提醒人们注意真实的研究发现、结论及尝试性的建议。虽然并不是每一条这样的推文都对课堂或教育工作者的专业思考有直接意义，但是从推文中我们能够更容易地快速
101 获得潜在相关的知识。曾使用推特账号 neurobonkers 的西蒙·奥克斯纳姆（Simon Oxenham）为《新科学家》（*New Scientist*）[①] 撰写“脑扫描仪”专栏。这个专栏被描述为“每月一次的专栏，旨在审查神经科学中的伪科学”。另一个推特的常客丹尼尔·威林厄姆（Daniel Willingham，其推特账号是 DTWillingham）有时也对神经科学研究及报道进行评论。2018 年 4 月，他提醒人们关注神经科学家南希·坎维舍（Nancy Kanwisher）的公开视频（nancybraintalks.mit.edu）。威林厄姆在推文中说，坎维舍的视频是一个了解脑知识的“重要资源”，尽管这些知识还不是特别适合课堂。

来自 neurosciencenews.com 网站的每日更新的大量报告也可以用于相关信息的快速搜索。这里的新闻范围非常广泛，定期报告神经科学研究的许多方面。它的头条新闻有时会让人很激动，这时人们需要尽可能找到报道里讨论的原始研究进行扩展阅读，从而跟进新闻报道。neurosciencenews.com 的报道有一个优点：它经常会附上来自原始研究的作者的评论。在写本书时，我每天至少收到 10 封有关 neurosciencenews.com 最新动态的电子邮件。其中一些内容超出了我当前的兴趣范围，一些内容提醒我关注正在发展的研究领域，这些领域可能在当下或在将来能为教育问题提供深刻的启发，而另一些内容从教育的角度看则具有更为直接的指导意义。

《新闻中的脑》（*Brain in the News*）是一份由达纳基金会（DANA Foundation）主办的报纸，可根据需要免费获得。与 neurosciencenews.com

① 创刊于 1956 年，是由英国一家公司出版发行的国际性科学 / 科技新闻杂志，内容包括介绍最近的科技发展、高端的科学项目，宣传科技活动，比如专家公开演讲等。——译者注

网站一样，它的覆盖面也很广，而且也与原始资料紧密相关。达纳基金会的网页（dana.org）定期更新，并提供大量专门针对儿童和教育工作者的出版物、活动、媒体、博客和信息版面的链接。2017 年 4 月，莫 · 库斯坦迪在达纳基金会网页的教育者页面（www.dana.org/News/Informing_Education_with_Neuroscience/）发表了一篇题为《让神经科学走进教育》（Informing Education with Neuroscience）的文章，讨论了维康信托基金会和教育捐赠基金会资助的教育神经科学项目（见第 1 章）。

当然，我们不应忽视维康信托基金会自身的资源。在“理解学习：教育与神经科学”（Understanding Learning: Education and Neuroscience）页面上可以找到大量信息，包括对前文以及第 1 章中提到的项目的解释。你还可以找到以下内容：

- 学习科学区（The Science of Learning Zone），这是 2018 年进行 102
的一个为期 6 个月的项目，该项目促成了教师与研究人员、神经科学家和心理学家之间的对话。
- 学习科学家（The Learning Scientists），包括有关教师感兴趣的主题的播客和脸书实时活动。
- 慕课（Massive Online Learning Course，MOOC），于 2016 年 4 月上线，探讨教师可以怎样应用学习科学研究。
- 教师主导的随机对照试验（Teacher-led Random Controlled Trials），报告了由教育发展信托基金会（Education Development Trust）资助的随机对照试验。
- 学习科学模块（Science of Learning Modules），其中一个模块面向小学学段的实习教师，另一个模块面向中学学段的实习教师。
- 报告与事件（Reports and Events），包括维康信托基金会的有关教师和家长如何看待神经科学的影响的报告，教育捐赠基金会提供的基于神经科学的干预方法的文献综述，以及会议事件的链接。

维康信托基金会还资助了英国特许教育学院院刊《影响》（*Impact*）2018 年 2 月出版的专辑，该专辑旨在介绍学习科学，其副标题为《来自神经科学和认知心理学的课堂见解》（*Classroom Insights from Neuroscience and Cognitive Psychology*）。该杂志的纸印本被发送到英格兰的每一所学校，而在线版还增加了额外的文章。两个版本都以萨拉－杰恩·布莱克莫尔的客座评论为开头，我们将在第 6 章详细讨论她的研究。该专辑包含了大量的文章，涉及与教育高度相关的广泛问题。同样值得注意的是，这些文章的作者所代表的角色和地理位置非常广泛。应该指出，特许教育学院通过为学员提供研究杂志的在线下载权限等途径，支持他们了解和参与整个教育领域的研究，而不仅仅是教育神经科学领域的研究。它还通过在线资源和在线课程支持教师研究素养的发展，并致力于提高教师以知情和富有批判性的方式探索研究的信心。

教育神经科学的论文发表在范围广泛的多种杂志上，有时发表在以讨论神经科学为主题的特刊上。专注于教育神经科学的同行评审的杂志正在逐步增加。例如，《心智、脑与教育》（*Mind, Brain and Education*）是由国际心智、脑与教育学会（International Mind, Brain and Education Society，
103 IMBES）主办的一个杂志。该杂志宣称拥有杰出的编辑团队和编辑顾问委员会。《神经科学与教育动态》（*Trends in Neuroscience and Education*）是一本开源杂志，“为原创性的转化研究提供了一个平台”，“旨在弥补日益增大的关于学习的认知和神经机制的知识与其在教育环境中的应用之间的差距”（www.journals.elsevier.com/trends-in-neuroscience-and-education）。《教育神经科学》（*Educational Neuroscience*）也是开源杂志，并提供“严格的同行评审”。

《学习科学》（*Science of Learning*）杂志是《自然》杂志冠名的合作期刊之一。它由昆士兰大学和依托昆士兰大学的昆士兰脑研究所（Queensland Brain Institute，QBI）共同主办。该杂志号称是第一本“汇聚神经科学家、心理学家和教育研究者共同探索脑如何工作”的杂志（nature.com/npjsilearn/about）。这也是一本开源杂志，发表了有关一系列教育神经科学问题的文章，并注重与课堂有关的需求。该杂志致力于结合

神经科学探讨学习的现有研究和理论。一个有趣的例子是阿萨利杜和帕斯卡－利昂（Arsalidou & Pascual-Leone，2016）发表的文章，该文章指出神经科学数据往往需要采用适当的发展模型来进行分析，并建议将建构主义的发展理论作为解决这一问题的一种途径。

## 结语

在写这一章的过程中，我不断深深地感受到学校与大学、教师与研究者之间令人振奋的合作机会。这对教育神经科学的未来发展似乎越来越重要。然而，进展将依然是一个艰苦和缓慢的过程。令我担心的是，并非所有人都能享有这些令人振奋的合作机会。某种程度上这是一个地域问题：一些学校幸运地处在有利的地理位置，能够方便地与大学研究人员互动交流。我担心的另一件事是，在学业成绩考察方面面临压力的学校中，教师往往无法参与研究合作，因为他们所在的学校为了摆脱现有的等级类别，会不可避免地将精力集中在短期成效上。

有人可能会说，陷入这种困境的学校至少和其他学校一样需要研究合 104
作。在我看来，要使研究成为学校的一项基本活动而不是奢侈品或附加项目，要让所有教师都有机会将研究素养作为一项核心专业技能来培养，将是一项重大挑战。

**总结 · 练习 · 思考**

- 尽管你以前可能没有考虑过，但现在请想一想你的学校将如何参与或利用教育神经科学研究？思考这个问题的时候暂时将明显的困难放在一边。
- 基于本章所述的资源和支持，你和/或你的学校最有可能从哪里开始？
- 根据本章对如何评估研究质量的介绍，选择本书中的一些参考文献进行进一步探究。

# 参考文献

Arsalidou, M. and Pascual-Leone, J. (2016) Constructivist developmental theory is needed in developmental neuroscience. *Science of Learning 1*: article number 16016 (14.12.16).

BERA-RSA (Royal Society for the Encouragement of the Arts, Manufacturing and Commerce and the British Education Research Association) (2014) Research and the Teaching Profession. Available at: www.bera.ac.uk/wp-content/uploads/2013/12/BERA-RSA-Research-Teaching-Profession-FULL-REPORT-for-web.pdf?noredirect=1.

Bull, L. (2007) Sunflower therapy for children with specific learning difficulties (dyslexia): A randomised, controlled trial. *Complementary Therapies in Clinical Practice* 13: 15–24.

Colheart, M. and MacArthur, G. (2012) Neuroscience, education and educational efficacy research. In: Della Sala, S. and Anderson, M. (eds) *Neuroscience in Education: The Good, the Bad and the Ugly*. Oxford: Oxford University Press.

Ertsas, T. I. and Irgens, E. J. (2017) Professional theorising. *Teachers and Teaching: Theory and Practice* 23(3): 332–351.

105 Fischer, K. W., Goswami, U. and Geake, J. (2010) The future of educational neuroscience. *Mind, Brain and Education* 4(2): 68–80.

Goldacre, B. (2008) *Bad Science*. London: Harper Collins.

Goldacre, B. (2014) *I Think You'll Find It's a Bit More Complicated Than That*. London: Harper Collins.

Goswami, U. (2006) Neuroscience and education: From research to practice? *Nature Reviews Neuroscience* 7(5): 406–411.

Hinton, C. and Fischer, K. W. (2008) Research schools: Grounding research in educational practice. *Mind, Brain and Education* 2(4): 157–160.

Jarrett, C. (2015) *Great Myths of the Brain*. Chichester: John Wiley.

Lisberger, S. G. (2013) Sound the alarm: Fraud in neuroscience. Available at: http://dana.org/news/cerebrum/detail.aspx?id=42870 (accessed 3.5.13).

Purdy, N. and Morrison, H. (2009) Cognitive neuroscience and education: Unravelling the confusion. *Oxford Review of Education* 35(1): 99–109.

Vul, E., Harris, C., Winkielman, P. and Pashler, H. (2009) Puzzlingly high correlations in fMRI studies of emotion, personality, and social cognition. *Perspectives on Psychological Science* 4(3): 274–290.

Weniger, E. (1953) Theorie und Praxis in der Erziehung [Theory and practice in education]. In: Weniger, E. (ed.) *Die Eigenständigkeit der Erziehung in Theorie und Praxis* [The Independence of Education in Theory and Practice]. Weinheim: Beltz.

# 第6章

# 脑与学前、小学和中学阶段

在本章我们将:

- 探索脑早期生长发育的相关知识
- 探讨不断增加和变化的有关青少年脑发育的观点

107 《卡特评论》（Carter，2015）对英国职前教师教育的各种途径进行了反思，提醒人们关注实习教师对儿童和青少年发育的理解。评论指出，这看似在教师培训中是非常重要的内容，然而并非所有的职前教师教育方案都包含了这个部分，甚至在许多继续教育方案中也完全找不到这部分内容。评论的建议部分简要地指出，职前教师教育的内容框架之中应该包含儿童和青少年的发育（p. 9），这是因为教师有必要了解典型的发育阶段、阻碍成长和发育的因素、如何合理应对特殊教育需求和残障（special educational needs and disability，SEND）以及行为管理等问题。

虽然我们可以从大量关于儿童发展和儿童心理学的经典研究中获得很多知识，但当前神经科学又给我们带来了很多需要思考的重要问题。正如我之前所指出的，不应该抱有“除旧迎新”的想法，而是应该将两者同时吸纳进来，并确定哪些知识最适用于新手教师和在职教师的培训。下面我们将探讨神经科学为我们理解不同教育阶段的脑发育带来的启示。

## 学前阶段

脑的发育及教育远远早于儿童开始接受任何形式的正规教育之时。国际上关于什么是“正规”教育、什么年龄应该开始接受正规教育存在争论。我们在这里不展开这些争论，而是指出随着争论的继续神经科学一定会带来的相关启示。

我们在第 2 章中已简要地讨论过新生儿脑的一些方面，这里我们将进一步探讨这个问题。尽管新生儿脑将经历很多变化，但在出生之前，胎儿的脑就已经有了相当程度的发育，其中大多数神经元在孕早期的几个月中已经形成。将婴儿脑与成人脑进行对比可以得到值得深思的结果。例如，
108 在出生的第一年，婴儿的平均脑容量能达到成人的 70% 以上，2 岁时达到成人的 80% 以上。此时，婴儿脑神经元之间的连接速度是普通成人的两倍。盖尔等人（Gale et al.，2004）从儿童 9 个月和 9 岁时的医学记录中获

取头围、体重和身高的数据，探讨早期脑发育的潜在意义。他们在对 221 名有生理数据的 9 岁儿童进行智力测试（韦氏简版智力量表）后，发现“智商与儿童 9 个月时的体重或身长，以及 9 岁时的体重和身高之间没有显著关联”（p. 324）。然而，他们指出“出生后的头围增长量与智商之间有统计意义上的显著相关”（p. 324）。盖尔等人承认智商受很多因素的影响，但他们相信即使把这些因素考虑在内，以上研究结论仍然成立。他们总结道：“在决定认知功能方面，婴幼儿期的脑发育比胎儿时期更重要。”（p. 321）值得注意的是，盖尔等人在另一项研究中假设，早期的头围与皮质体积相关。他们并不认为头围和皮质体积越大越好，但二者生长的**相关性**是显著的。索斯和马策尔（Sauce & Matzel，2018）在一篇关于遗传和环境共同作用于智商的文章中指出，遗传因素有时对幼儿智商的影响力仅有 0.3（遗传影响力等级为 0 到 1.0）。

仔细看看 2 岁时神经元之间建立联结的速度会得到一个惊人的发现，新的联结正以每秒约 100 万个的速度建立。根据先前的估计，这个数字在 700 左右，但最新的证据表明这个估计差得太远。然而，如果我向你展示 700 个联结的图片，你可能已经感到非常震惊，就像我第一次读到之前的研究报告时那样。在第 10 章中，我们会再次回到关于脑知识如何变化和更新的问题。

鉴于这些发现，许多国家的政府特别重视早期经验和教育也就不足为奇了。这无疑是一件好事，但它也带来一种危险性的暗示：如果在生命头两三年中一切不如预期，就会带来不可逆转的问题。正如我们在第 2 章和
第 4 章所看到的，**关键**期的概念已经被重塑为**敏感**期理论，所谓敏感期并 109
不是一扇童年时期一旦关闭就永远无法再打开的窗户。或者正如布莱克莫尔和弗里斯（Blakemore & Frith，2005）曾提出的：“大多数神经科学家现在认为，关键期并不是固定不变的。相反，大多数人将其解释为**敏感**期，这个概念暗示着生命全程中的经历会持续塑造和改变脑功能。”（p. 26）另外，我要重申，神经科学向我们展示了一些重要发现，却没有告诉我们根据这些发现，我们在家里、幼儿园和教室里应该做些什么。它仅强调了各

个领域之间需要合作，需要获得更多的共同议题和共识，但这并不是说神经科学对教育工作或父母没有帮助。

到 3 岁左右，婴儿的脑开始发展出更高的效率和复杂性，其活跃程度仍然是成人脑的两倍左右。效率的提高部分源于突触修剪，这个过程会去除神经元之间的多余联结，使神经元之间的联结变得合理。对婴儿所处的环境至关重要的那些联结被保留下来。显然，婴儿环境的各个方面都与脑发育存在相互作用，因而环境具有重要意义。这通常意味着环境应该尽可能地丰富和具有刺激性，但我们很可能难以定义什么是最佳刺激水平——超过这个水平其作用将是过度和有害的。与此同时，越来越多的证据表明，婴儿期缺乏刺激、缺乏关爱和缺少照顾会对儿童的脑发育和总体发育产生负面影响（Glaser，2000；Spratt et al.，2012）。

邦尼尔（Bonnier，2008）解释说，**神经保护**（neuroprotection）一词最初指那些能够防止细胞死亡的物质，而现在指那些用来支持高危婴儿脑发育的干预方案。邦尼尔讨论了众多国家级项目中的两项：瑞典的新生儿个性化发展护理和评估计划（New-born Individualised Developmental Care and Assessment Programme，NIDCAP）以及美国的婴儿健康与发展计划（Infant Health and Development Program，IHDP）。这些项目重点关注早产、
110 低出生体重和家庭贫困的婴儿。两个项目都发现，当父母和孩子一起参与干预时，干预效果最佳。相较于运动能力，认知能力发展表现出最大的提升效果，在存在多重危险因素的情况下，干预结果更是如此。

在英国，一家名为“救助儿童会”的慈善机构在 2016 年出版的《点亮年轻人的脑》（*Lighting Up Young Brains*）手册中引用了有关婴儿脑的证据。这本手册简要探讨了“父母、看护人和托儿所如何支持 5 岁以内儿童的脑发育”（参见该书封面），并特别支持“**边阅读边进步**”（Read On Get On）[①] 运动。这本手册提醒人们关注早期语言发展在随后的阅读技能发展

① 由 12 家慈善和教育机构在 2014 年发起的一项致力于提高英国儿童阅读水平的运动，其目标是让所有儿童在 11 岁之前拥有良好的阅读能力，以及让所有儿童在 5 岁之前达到良好的言语、早期识字和阅读发展水平。——译者注

中的作用，指出有相当一部分儿童在小学阶段没有形成良好的阅读能力，并因此在中学阶段受到负面影响。良好的早期环境不仅有益于记忆的神经基础的发展，同样有益于语言的神经基础的发展。不同的认知功能似乎是交错发展的，而不是同时发生的。这就带来了对认知功能发展的年龄预期问题，在其他年龄段同样存在这个问题。正如约翰 · 吉克（John Geake）指出的："学校运营方式最重要和最彻底的变化将是取消年龄与学段之间的匹配。"（Geake，2009，p. 184）。

## 小学阶段

鉴于上面讨论的环境对脑发育的作用，儿童入学后环境的巨大变化必然具有重要意义。目前最大的争论或许在于学校教育早期阶段与游戏相关的教学方法和更正规的教学方法之间的平衡问题。英国是欧洲入学年龄最小的国家，如果儿童出生在夏季，很多孩子刚满 4 岁就可以入学了。这与大多数欧洲国家形成了鲜明对比。英国引入针对 4 岁儿童的测试加剧了这场争论。下面我们将探讨一些例子，看看神经科学如何影响这场辩论。

想要收集孩子在游戏过程中的脑成像数据存在明显的实际困难，因为不论是坐在扫描仪中，或者简单地在头上穿戴实验设备，对孩子来说都是一种干扰，它要么使实验情境变得不真实，要么使许多类型的游戏无法实
现。例如有游戏相关的文献（Pellis et al.，2014）提供了大量来自动物王 111
国的证据，特别是关于老鼠游戏行为与脑发育的证据。关于儿童游戏的心理学研究表明，游戏具有多重目的。这些目的对于脑发育而言具有重要作用，神经科学正为我们提供这方面的进一步证据。

游戏给孩子带来很多机会，例如：

- 尝试或"排练"生活情境，在安全的环境下体验"真实生活"；
- 学习社会化；

- 探索边界和安全性；
- 决策和质疑；
- 全神贯注的专注体验；
- 文化的传承；
- 发现兴趣；
- 获得心理和运动技能。

游戏体验通常会降低与压力有关的皮质醇水平，提高与奖赏相关的神经递质多巴胺的水平，从而强化快乐与游戏活动（及其潜在的现实生活等价物）之间的关联，提升幸福感。值得注意的是，其中一些活动会转化为非游戏情境。通过游戏，多种脑功能有机会得到整合，建立新的联结，尤其是在前额叶皮质。已有研究表明，缺乏游戏和同伴交往与成年后的心理疾病和精神问题之间存在关联。我不能判断这二者之间是否存在因果关系，或者这些儿童无法参与游戏是不是因为他们已经存在心理问题，我认为都有可能。不管怎样，它都表明了游戏与健康发展的另一个方面。王和阿莫特（Wang & Aamodt，2012）在《游戏、压力与学习的脑》（Play, Stress, and the Learning Brain）一文中，给出了看似简单但非常重要的评论："游戏与促进学习的反应有关。"（p. 9）

这些具有重要发展意义的游戏机会需要相关规定和组织的保障，而不是听之任之。目前我们可能较少碰到"脑增强课堂"（brain-enhanced classroom；Rushton et al.，2010，p. 353）一类的说法了，一些人可能认为
112 拉什顿（S. Rushton）等人描述的是一个过于刺激的环境，很多人希望谈论孩子的整体发展，而不是仅仅谈论脑的发育。在我看来，关于小学阶段应该采用游戏还是更正规的学习方式的争论就像当前许多教育争论一样，很快会变得两极化，人们要么站在这一方，要么站在另一方。我的建议是，争论实际上应该围绕两种方式的作用展开，可以考虑将两种方式结合起来。

与此相关的进一步的争论是技术在这一发展阶段（及以后的发展阶

段）的作用。由于媒体能够用快速移动、充满紧凑动作的方式来呈现事物，有人担忧技术可能会扭曲孩子的注意广度。一些人认为，如果孩子的脑适应了这种呈现方式，他们将难以适应“现实生活”中的慢节奏。正如沃伦 · 奈迪奇（Warren Neidich）所说的，媒体是人类进步的一个特征，因此教育工作者需要克服困难，找到新技术与其他教育方法协同作用的途径。“每一个新生代都拥有被其所在的变化的文化环境影响和塑造的活生生的脑。”（Neidich，2006，p. 228）我不由得注意到奈迪奇措辞中“变化的文化环境”的影响。

## 青少年的脑

关于青少年脑的大量研究和文献表明，这是教育神经科学已经取得长足进步的一个领域，相对于年幼的孩子，对青少年使用扫描设备的挑战更容易应对。或者是因为这一发展阶段引起了更多的关注？这也许是另外一个问题。在这里，我们将焦点对准青少年领域，集中讨论该领域的相关研究。我们将从伦敦大学学院的萨拉 – 杰恩 · 布莱克莫尔教授对该领域的杰出贡献开始，进而了解该领域的几个重要方面。

除了正在进行的研究之外，最近布莱克莫尔针对更广泛的读者群体写了一本可读性很强的个人著作——《创造我们自己：青少年脑的神秘生活》 113
（*Inventing Ourselves: The Secret Life of the Teenage Brain*）。这本书深入探讨了我们在前面讨论过的许多问题，正如人们所期望的那样，书中引用了大量的证据。尽管这本书不是专门针对教师的，但它与中学教师日常重点关注的青少年行为的许多方面不谋而合。对于所面临的挑战和困难，布莱克莫尔提出一个观点：“青春期并不是一种反常现象”（该书第 1 章的标题），青春期带给青少年自己、父母、教师和社会的挑战具有许多重要的发展性原因。她回应了我们之前讨论过的一个观点，即青春期不是一个只能默默忍受直到它过去的时期，而是一个重要的发展和机遇期。布莱克莫尔对苏格拉底关于青春期的悲观看法，即“现在的孩子们喜欢奢侈。他们没有礼貌，蔑视权威；他们不尊重长辈，热衷于闲聊而不是运动”（p. 5），以及许多长期以来对青春期的成见提出了挑战。从这本书中我们可以看出，布莱克莫尔在长期的职业生涯中致力于更好地理解青春期，她把这种追求建立在认知神经科学的基础上。顺便说一句，当我询问实习教师对苏格拉底的观点的看法时，我没有提苏格拉底，实习教师通常认为这个观点出自一位当权的政治家，最常被提到的是某些前教育国务秘书。这里我提到这件事，是因为它反映出我们需要改变有关青春期的刻板思维。

## 青春期：脑发育的敏感期

布莱克莫尔的研究和合作提供了很多值得教师思考的问题。她一直提倡，青春期是青少年发育中的脑发展一些特定功能的敏感时期，而不仅仅是生理和荷尔蒙变化引发难以捉摸的变化的时期。她与富尔曼等人（Fuhrmann et al., 2015）共同发表的一篇评论文章指出，青春期是一系列认知功能发展的敏感期，例如智商、工作记忆和问题解决。在社会认知方
114 面，布莱克莫尔及其同事认为，青春期内，脑的成熟使青少年能够采纳或理解不同的观点，对情绪和面部表情有更深的理解。值得注意的是，布莱克莫尔谈到的脑成熟，尤其是前额叶皮质的成熟在 25 岁左右才能完成，也就是说，对很多年轻人来说，他们的脑要在全日制教育结束很久以后才能发育成熟。

在上述评论文章中，三位研究者认为“青春期是压力危及心理健康的敏感时期”（p. 561）。有证据表明，许多心理健康问题都起源于青春期，在这一时期，“尤其是社会压力被认为产生了过度的影响”（p. 561）。他们接着指出，也有证据表明通过“恐惧消退学习”（fear extinction learning），青春期可以成为个体从压力中恢复的时期，“相比于童年和成年期，这些压力在青春期有所减弱”（p. 562）。

## 青春期与冒险行为

文章接着讨论了青少年行为中最容易引起成人关注的一些方面。这篇文章以及布莱克莫尔的其他作品对冒险行为，特别是药物滥用进行了探讨。有许多理论试图解释青少年的冒险行为。丹·罗默（Dan Romer）对青少年冒险行为进行了近 30 年的研究，他渴望挑战这样一种观点：青少年行为由边缘系统主导的刺激寻求引发，而更加理性的前额叶皮质还没有准备好管理和控制这种刺激寻求。罗默提出了一个不同的理论：许多冒险行为都是由探索和追求新奇驱动的，这对自我发现至关重要。罗默指出："将这种探索行为归因于鲁莽的研究人员更可能落入青少年刻板印象的圈套，而无法评估青少年行为发生的真正动机。"（Romer，2017）布莱克莫尔在英国广播公司（BBC）第四广播电台科学讨论节目《无限猴笼》（*The Infinite Monkey Cage*，引用日期：2018 年 1 月 29 日）中提出了与此相关的观点。在一个专门针对青少年脑的项目中，当提及青少年的冒险行为趋势时，布莱克莫尔指出，很多情况下相对于可能遭受的社会排斥，参与冒险行为对青少年来说似乎风险更小。

然而，罗默并没有暗示有冒险倾向的青少年不存在危险。他承认，有
些青少年表现出的冲动可能超越了已知的风险，并导致青少年在已经经历 115
负面体验之后仍然重复危险行为。罗默指出，在许多情况下，这些年轻人实际上在更早的发展阶段就已经有了冲动性。罗默也强调，这些经常在吸毒、车祸和性行为新闻中出现的年轻人只是少数："大多数青少年并没有死于车祸、成为他杀或自杀的受害者、罹患严重的抑郁症、染上毒瘾或者感染性传播疾病。"

一项有趣的研究探讨了影响冒险行为的社会因素，如前所述，布莱克莫尔间接提到了这项研究。尚等人［研究小组成员里包括了劳伦斯·斯滕伯格（Laurence Steinberg），部分教师熟悉他的名字］进行了一项研究，对比了青少年在玩模拟驾驶游戏时的脑活动（Chein et al., 2011）。他们在两种情境下监测青少年的脑活动：一种是单独玩游戏，另一种是在一群同伴的观察之下玩游戏。另外该研究还比较了玩游戏时青少年与成人的脑活

动。在两种对比条件下，青少年的脑活动都表现出明显的差异。在同伴的观察下，青少年玩游戏时表现出更多的冒险行为，在这个过程中，与奖赏有关的脑区活动增强，例如腹侧纹状体和眶额皮质。这些脑区在预期采取更冒险的方式进行游戏时变得活跃。与成人相比，青少年与认知控制有关的外侧前额叶皮质的活动较弱，无论是在单独玩游戏的情境下还是有同伴观察的情境下，情况皆是如此。

尚等人的研究得到了大量其他研究的支持（斯滕伯格的研究往往名列其中），作者解释道：这些脑区在决策过程中相互作用，青少年的与奖赏有关的脑区在对“奖赏相关的线索和奖赏预期进行反应时，其激活程度特别高”（p. 4）。紧接着他们描述了脑在青春期和成年早期的逐渐成熟。在这几年中，灰质减少，髓鞘化（白质）增加，这有助于提高各种“执行能力，如反应抑制、策略规划和灵活使用规则”（p. 5）。很显然，对于不同
116 的个体和不同的执行能力而言，这一过程发生的速度不同，但这并不意味着教师应该停止鼓励学生使用这些能力。别忘了，教师的期望和要求是影响这些发展的重要环境因素。正如金曼和基（Sherman & Key，1932）多年前所指出的，同时也是我们在其他章节所探讨的：“儿童只有在环境支持发展的情况下才能发展。”（p. 288）我们已经读到，环境对年幼儿童的脑发育的影响既可能是正面的，也可能是负面的，在本章后面我们将从青少年脑的角度再次探讨这一问题。

### 社会认知

布莱克莫尔对青少年与他人，包括同伴、家人、教师或其他成人之间的关系变化进行了广泛的研究，对开拓**社会认知**（social cognition）领域做出了重要贡献。她的论文《青春期的社会认知发展》（Social Cognitive Development During Adolescence；Choudbury et al., 2006）探讨了青春期内多个脑区的变化，这些变化预示着青少年“对他人的意识和兴趣增强”（p. 166）。同时，青少年通过面部表情做出推论［我们在其他地方讨论过（还将在第 8 章重点讨论），患有孤独症谱系障碍的青少年可能不具备这种

能力]。感知情感信息，以及从他人的不同角度看待问题的能力也在不断增强。他们指出，观点采择的一个重要方面是认识到自己的观点。这对于个体区分自身与他人的“意图和信念”（p. 168）至关重要。他们还报告了自己的一项研究，该研究记录了青春前期、青春期和成年期被试在采纳第一人称和第三人称观点时的反应时，结果表明，与年龄有关的反应时的进步标志着观点采择能力的提高，他们将这些结果与一系列脑科学研究联系起来。布莱克莫尔及其同事非常谨慎地指出：“我们预测这反映了观点采择所需的神经策略的发展性变化，这一预测还需要得到进一步的神经成像研究的检验。”（Choudbury et al.，2006，p. 171）另外，布莱克莫尔及其同事还提出了重要的前瞻性问题：

> 青少年发育中的脑在多大程度上与其环境中的社会文化相互作用
> 是一个有待进一步研究的问题。性成熟与社会认知之间的相互作用也 117
> 需要进一步研究。例如，目前尚不清楚性激素如何影响脑联结的生成，以及它如何与社会认知相互作用。最后，正如最近一项有关智商与皮质厚度的研究（Shaw et al.，2006）强调的，必须考虑认知技能上的个体差异。（p. 171）

布莱克莫尔和她在伦敦大学学院布莱克莫尔实验室的团队成员，继续从发人深省的角度探索上述主题。重要的是，与一些期刊论文不同，该实验室为其研究成果设置了便捷的在线访问功能。2018 年前四个月公开的论文探讨了观点采择与被试自我报告的亲社会行为及不同脑区皮质厚度之间的关联、青少年对社会风险的规避、社会影响的积极作用及其与年龄的相关程度、基于自我调节的儿童青少年干预的系统综述和元分析，以及对青少年脑发育差异的探索（这一问题我们将在下文进一步讨论）。

## 社会遗传学

多明格等人（Domingue et al., 2018）从遗传学角度探讨了青少年与同伴互动的意义。这项研究由斯坦福大学、杜克大学、威斯康星大学麦迪逊分校、普林斯顿大学和科罗拉多大学的专家合作完成，研究对象超过 5000 名青少年。研究结果超越了完全基于外在相似性的社会分群理论，揭示了朋友之间相较随机个体之间有更大的基因相似性。基于这种令人激动的相互作用，我们可以提出，个体的基因会影响其朋友和同伴群体的基因，进而影响他们的行为。该研究将其称为社会基因组，并提出“社会遗传相关性”和“社会遗传效应”两个概念。这表明，并非所有的同伴影响都只是选择模仿他人的问题（无论模仿的是可取的还是不可取的特征）。模仿是一个因素，但这项研究表明还有其他因素影响教育成效，值得遗传学家和社会科学家进一步探索。在第 10 章中，我们将讨论遗传学在多大程度上能够为教育学家所用。

## 118 青少年的脑与不良抚养环境

本章前面我们讨论了不良抚养环境对婴儿脑发育的负面影响。我们还简要地提到了青春期可能成为儿童从这种伤害中恢复的一个时期。当然，糟糕的一面是持续的不良抚养环境会损害青少年的脑发育。

丹朱利等人（D’Angiulli et al., 2012）讨论了他们自己的研究以及其他一系列研究如何反映低社会经济地位与高社会经济地位的青少年在执行注意和认知控制的脑机制方面存在“真正的认知差异”（p. 1）这一假设。（第 9 章深入探讨了注意的脑机制。）尽管丹朱利等人的研究只有 28 名青少年参与，样本偏小，但他们在研究中尽量排除了可能混淆结果的因素：一些被试由于患有注意缺陷多动障碍或胎儿酒精综合征等可能混淆结果的因素而被排除。他们发现，社会经济背景较好的被试善于忽略不相关的听觉刺激，而社会经济背景较差的被试则容易将认知资源分配给干扰因素。丹朱利等人推测这可能是因为低社会经济地位组被试生活在较不稳定和较不可预测的环境中，在这种环境中，关注意料之外的刺激可能是一种自我保护机制。

这项研究的一个有趣的地方是它使用了大量不同来源的数据。研究者利用大量关于被试学业表现的数据和问卷调查数据（后者由家长提供）对被试进行了筛选。在被试进行注意任务时收集其脑电数据，并通过唾液样本检测不同阶段的皮质醇水平。研究发现，被试的皮质醇水平没有显著变化（这是为了监测压力水平而进行的检查）。参与研究的儿童来自“正在进行的绘制加拿大西部中等城市和农村中心的‘神经社会经济梯度’地图的大规模研究”（D’Angiulli et al., 2012，p. 2）。

埃斯科巴尔等人（Escobar et al., 2014）也使用脑电图来探索认知的另
一个维度：快速道德决策。他们指出这是此类研究中的首例。该研究将一 119
组经历了早期不良抚养环境的青少年与控制组青少年进行了对比。被试完成了一系列实验任务，这些任务为道德决策任务提供了更广泛的视角。例如，在涉及立方体构建、图片排列、编码、数字和符号搜索以及语言流畅性的任务中，两组被试之间没有显著差异。两组被试在儿童行为量表（Child Behavior Checklist，CBCL）上也没有显著差异。

在道德决策任务中，早期不良抚养环境对脑的影响持续可见。不良环境组青少年前额叶皮质和右侧脑岛的活动较少。在不良环境组青少年中还发现了一种负向关联：较低水平的腹内侧前额叶皮质的激活与较高水平的行为问题相关。埃斯科巴尔等人指出，这个脑区与“一般智力、逻辑推理或陈述性知识的水平”无关（p. 5），而与道德判断有关。不良抚养环境似乎可以导致“道德敏感性的反非典型神经加工”（p. 6），尽管这并不一定意味着这些个体不能做出与控制组个体相同的道德决策。埃斯科巴尔等人认为，他们的发现“为道德的神经发展提供了新见解”（p. 6），同时承认还需要大量的进一步研究。

## 个体的脑

福克斯和布莱克莫尔（Foulkes & Blakemore，2018）呼吁有关青少年脑的研究开始关注个体差异，这将我们带入一个方向，我相信这个方向将为理解青少年的脑带来更多有价值的发现。大多数研究都致力于寻找普遍特征，从某种意义上说这是非常正确的，因为研究结果的可重复性非常重要。然而，福克斯和布莱克莫尔认为“这掩盖了发展中有意义的个体差异”（p. 315）。在本章我们已经提到，对任何一个个体而言，不同的脑
120 功能成熟的速度是不同的。福克斯和布莱克莫尔提出了“影响神经认知加工”的三个重点领域（p. 315），本章对每一个领域都进行了一些探讨：

- 社会经济地位；
- 文化；
- 同伴环境。

我觉得这三个领域本质上是相互关联的，因此，分开研究可能不那么简单。福克斯和布莱克莫尔清楚这一点以及其将来会涉及的进一步的复杂性，并指出要得出有意义的结论、弄清这对于神经成像技术的未来发展有何启示还需要漫长的时间。他们描述了对大型纵向数据集的需求，这些数据集需要足够大以便充分展现个体差异，他们还建议对青少年脑的成像研究应力求在更多细微之处探索个体差异。在第8章，当我们探讨“发育正常的”（neurotypical）脑的概念所面临的一些挑战时，我们会进一步讨论“差异”到底意味着什么。目前确实存在一些大型数据集，这里引用其中的两个——人类连接组计划（Human Connectome Project）和青少年脑认知发展研究（Adolescent Brain Cognitive Development Study），这些数据集可以与最新出现的数据结合使用。福克斯和布莱克莫尔解释了这三个领域值得进一步探索的原因，并对已有的关键研究进行了总结。在文化领域，他们描述了一项有趣的功能性磁

共振成像研究，该研究发现美国白人青少年和拉美裔青少年在玩一个为自己或家人挣钱的游戏时的脑活动不同（Choudbury，2010）。福克斯和布莱克莫尔得出结论，神经科学研究中的个体差异应该被当作一个重要的研究领域，而不是被视为某个样本较为一致的结果中的异常情况。

## 总结性观点

上一段的总结性结论肯定会对教育产生深远的影响。一些教师在流行的“个性化学习”理念中感觉自己工作超载，这也可以为他们敲响警钟。尽管上述福克斯和布莱克莫尔的建议没有直接转化为课堂实践，但我相信 121
教师应该了解这些建议，以便在工作中能够思考并合理利用有关个体脑发育的新发现，教师还应该能够理解新的观点从何而来，并能够确保对“个性化学习”及其他流行做法的最糟糕的过度使用成为历史。从神经成像实验室到课堂的旅程仍然充满挑战，并将继续是一段缓慢的旅程。同时，教育研究还将在神经科学以外的许多其他方面继续进行。虽然本章和其他章节提到的信息本身并不能指导课堂实践，但我认为这取决于教师行业自身是否愿意参与其中，并亲自去探索这些信息对教育学的意义。我们在第 10 章会再次讨论这一问题。

神经科学关于脑发育的研究似乎的确不平衡，有关青少年的研究明显最多。如前所述，这或许是因为教育本身更关注青春期带来的挑战，所以研究者更愿意从事这一领域的研究。许多年幼儿童的教师会坚持认为，他们也有很多问题希望能得到神经科学角度的解释。教师与研究人员之间的沟通渠道正在逐步完善，需要各方的积极参与。在第 7 章，我们将进一步探讨教育与神经科学之间的双向交流问题，并讨论一所学校参与研究的经验。

**总结 · 练习 · 思考**

- 如果你是一名中学教师，这一章会如何影响你对一些学生的看法？
- 不考虑实施上的困难（时间可能是其中最大的困难），你是否支持总结性观点中的建议，即如何用教育学的术语来解释神经科学的信息应该是由教师行业考虑的问题？
- 福克斯和布莱克莫尔呼吁提升对脑的个体差异性的理解，你将如何对你的同事介绍这一观点？

## 122 术语表

**功能性磁共振成像**（fMRI；见第 1 章“成像”）：一种追踪脑内血液流动的医学成像方法。通过这种方法可以看出个体在进行不同活动时，哪些脑区的血液流量增加。

**灰质**（grey matter）：由神经元和神经胶质细胞组成的灰粉色组织（不同于白质，白质连接灰质，并通过髓鞘化形成不同的颜色）。

**外侧和内侧前额叶皮质**（lateral and medial PFC；见第 4 章“前额叶皮质”）：前额叶皮质的区域，被认为是信念和过去经验对决策产生影响的区域。

**髓鞘化**（myelination；见第 2 章）：髓磷脂是在轴突周围发现的一种脂肪膜，起着绝缘作用，能加快细胞间的信号传递速度。髓磷脂生成的过程被称为髓鞘化。

**眶额皮质**（orbitofrontal cortex）：前额叶皮质的一个区域，位于眼眶上方。它在前额叶皮质的各种活动中发挥作用（见第 4 章），研究正在探索它在与边缘系统进行联结时发挥的作用，暗示它可能参与情绪的管理。

**右侧脑岛**（right insula）：右脑半球的脑岛区域，位于外侧沟的深处。该区域尚未得到充分了解，人们相信它在解释身体感觉方面起着一定的作用，例如意识到疼痛是令人不愉快的感觉。该区域也与其他情绪、成瘾行为、对社交线索的识别以及自我意识有关。

**腹侧纹状体**（ventral striatum；见第 3 章）：纹状体的下部区域，基底神经节的一部分。腹侧纹状体包含伏隔核。与背侧纹状体一样，该区域与奖赏有关，包括采取行动寻求奖赏，因此可能与成瘾行为有关。

## 参考文献


Blakemore, S. -J. (2018) *Inventing Ourselves: The Secret Life of the Teenage Brain*. London: Transworld Publishers.

Blakemore, S. -J. and Frith, U. (2005) *The Learning Brain*. Oxford: Blackwell.

Bonnier, C. (2008) Evaluation of early stimulation programs for enhancing 123
brain development. *Acta Paediatrica* 97: 853–858.

Carter, A. (2015) *Carter Review of Initial Teacher Training (ITT)*. London: Department for Education.

Centre on the Developing Child, Harvard University (n.d.) Five numbers to remember about early childhood development. Available at: www.developingchild.harvard.edu/resources (accessed 9.4.18).

Chein, J., Albert, D., O'Brien, L., Uckert, K. and Steinberg, L. (2011) Peers increase adolescent risk taking by enhancing activity in the brain's reward circuitry. *Developmental Science* 14 (2): F1–10.

Choudbury, S. (2010) Culturing the adolescent brain: What can neuroscience learn from anthropology? *Social Cognitive Affective Neuroscience* 5: 159–167.

Choudbury, S., Blakemore, S. -J. and Charman, T. (2006) Social cognitive development during adolescence. *Social Cognitive and Affective Neuroscience* 1(3): 165–171.

D'Angiulli, A., Van Room, P. M., Weinberg, J., Oberlander, T. F., Grunau, R. E., Herzmann, C. and Maggi, S. (2012) Frontal EEG/ERP correlates of attentional processes, cortisol and motivation in adolescents from lower socioeconomic status. *Frontiers in Human Neuroscience* 6: 306. https://doi:10.3389/fn-hum.2012.00306.

Domingue, B. W., Belsky, D. W., Fletcher, J. M., Donley, D., Boardman, J. D. and Harris, K. M. (2018) The school genome of friends and schoolmates in the national Longitudinal Study of Adolescent to Adult Health. *Proceedings of the National Academy of Sciences*. Published ahead of print 9.1.18. https://doi.org/10.1073/pnas.1711803115.

Escobar, M. J., Huepe, D., Decety, J., Sedeño, L., Messow, M. K., Baez, S., Rivera-Rei, A., Canales-Johnson, A., Morales, J. P., Gómez, D. M., Schröeder, J., Manes, F., López, V. and Ibánez, A. (2014) Brain signatures of moral sensitivity in adolescents with early social deprivation. *Nature.com, Scientific Reports* 4: article number 5354 (19.6.14).

Foulkes, L. and Blakemore, S. -J. (2018) Studying individual differences in human adolescent brain development. *Nature Neuroscience* 21(3): 315–323.

Fuhrmann, D., Knoll, L. J. and Blakemore, S. -J. (2015) Adolesence as a Sensitive Period of Brain Development. *Trends in Cognitive Science* 19(10): 558–566.

Gale, C. R., O'Callaghan, F. J., Godfrey, K. M., Law, C. M. and Martyn, C. N. (2004) Critical periods of brain growth and cognitive function in children. *Brain* 127: 321–329.

Geake, J. G. (2009) *The Brain at School*. Maidenhead: Open University Press.

Glaser, D. (2000) Child abuse and neglect and the brain – a review. *The*

*Journal of Child Psychology and Psychiatry and Allied Disciplines* 41(1): 97–116.

Neidich, W. (2006) The neurobiopolitics of global consciousness. In: 124
Narula, M. (ed.) *Sarai Reader 06: Turbulence*. New Delhi: Manohar Publishers.

Pellis, M., Pellis, V. and Himmler, B. (2014) How play makes for a more adaptable brain: A comparative and neural perspective. *American Journal of Play* 7(1): 73–98.

Romer, D. (2017) Why it's time to lay the stereotype of the teenage brain to rest. *The Conversation*, 30.10.17.

Rushton, S., Juola-Rushton, A. and Larkin, E. (2010) Neuroscience, play and early childhood education: Connections, implications and assessment. *Early Childhood Education Journal* 37: 351–361.

Sauce, B. and Matzel, L. D. (2018) The paradox of intelligence: Heritability and malleability coexist in hidden gene-environment interplay. *Psychological Bulletin* 144(1): 26–27.

Save the Children (2016) *Lighting Up Young Brains*. London: Save the Children.

Shaw, P., Greenstein, D., Lerch, J., Clasen, L., Lenroot, R., Gogtay, N., Evans, A., Rapport, J. and Giedd, J. (2006) Intellectual ability and cortical development in children and adolescents. *Nature* 440(7084): 676–679.

Sherman, M. and Key, C. (1932) The intelligence of isolated mountain children. *Child Development* 3: 279–290.

Spratt, E. G., Friedenberg, S. L. and Brady, K. T. (2012) The effects of early neglect on cognitive, language, and behavioral functioning in childhood. *Psychology (Irvine)* 3(2): 175–182.

Wang, S. and Aamodt, S. (2012) Play, stress, and the learning brain. *Cerebrum* Sept.-Oct.: 12.

# 第7章

# 学校如何参与和影响研究

在本章我们将:

- 思考当中小学与大学寻求在教育神经科学项目上的合作时二者之间关系的本质
- 探索一所成功地选择了长期发展这种合作关系的学校的经验

126 毫无疑问，为了让教和学从神经科学研究中获益，神经科学家与教育工作者的交流方式需要不断改进。正如帕尔加特等人（Palghat et al., 2017）指出的，这不仅仅是发展共同语言的问题，尽管共同语言也很重要。我在这一章要探讨的问题是学校与研究机构之间的工作关系的发展，以及对影响这种关系的因素的平衡。学校有机会参与研究，例如本书其他地方讨论过的维康信托基金会和教育捐赠基金会的项目。就这些项目而言，首先，研究建议被提交；随后，第 1 章中所列的项目成功地获得了资金；然后，这些项目中的大多数就开始寻找适合并愿意参与研究的学校，将其作为所需数据的主要来源。这么做当然没有错，这可能是一所学校首次涉足教育神经科学的起点，也很可能是其与一个研究团队和一所大学建立长期关系的开端。然而，有时这可能是一个独立的项目，不会帮助学校与研究人员建立进一步的合作。

有没有可能发展一种更持久的关系，在这种关系中，学校能发出清晰的声音来表达自己关于教育神经科学可能研究领域的观点，能够拒绝一个研究项目而不削弱自己与大学和研究人员之间的关系，能够将自己视为平等的合作伙伴？如果说英国卡弗舍姆的安妮女王学校（Queen Anne's School）的“脑能做到”（BrainCanDo）项目的进展有值得借鉴的地方，那么它首先表明这种关系是很可能实现的。在我看来，安妮女王学校已经建立并正在继续发展的关系造就了一个引人入胜的案例，因而成为本章的基础。我并不是说这所学校所采取的形式是所有在教育神经科学项目上寻求合作的中小学和大学的模板，而是认为可以从这所学校的个案中学到很多关于考虑因素、合作程序和挑战方面的经验。我从学校的视角，或者更确切地说，从我对学校视角的理解来阐述这一点。受时间限制，本书无法
127 从大学的视角来探讨这种关系。我的主要兴趣是安妮女王学校关于“脑能做到”项目的形成和发展过程的故事。我很幸运有机会与该校的校长朱莉亚·哈林顿（Julia Harrington）夫人以及该校的项目负责人、心理学教师埃米·范考特（Amy Fancourt）博士讨论这一问题。

哈林顿夫人和范考特博士的评论和观点部分来源于 2018 年 5 月学校

主办的一次活动——第三届“脑能做到”会议，其主题是“从神经科学到课堂的途径”，以及两个月后我再次访问学校时的访谈记录。下面，我将在我们对话框架的大标题下对这些问题进行探讨。为了便于阅读，我将以哈灵顿夫人和范考特博士的名字——朱莉亚和埃米来称呼她们。在我们的谈话中，朱莉亚和埃米都坦率而谦虚地谈到了学校近五年来参与教育神经科学研究所取得的令人赞叹的成就。

## 动机和出发点

朱莉亚列举了她一直好奇的学习和幸福感的几个方面，例如压力、动机、睡眠，以及学校提倡的音乐和其他活动对认知和个人发展的潜在影响。学校的学生们对这些兴趣爱好很熟悉。例如，学生们知道纯音乐可以让朱莉亚的工作环境变得更好，但许多学生自己更喜欢有歌词的音乐。朱莉亚指出，偏好的不同并不重要，重要的是要认识到音乐有可能起到促进学习的作用，进而认识到其他哪些因素也可能影响学习，以及这些因素对不同的人的作用有何不同。对音乐影响的研究兴趣一直是学校合作研究的一个主要方面，另外还有创造力、情绪感染和调节问题。非常清楚的是，这所学校积极主动地提出问题，然后将神经科学的专业知识纳入寻找答案的过程。学生和其他利益相关者，例如学校董事和家长都对研究项目十分熟悉。

至于研究合作是如何开展起来的，其中存在机会因素。朱莉亚差点没 128
能参加雷丁大学（University of Reading）的一次活动，而雷丁大学对朱莉亚的学校来说是最具地方特色的大学。机缘凑巧，朱莉亚最终来到了活动现场，并碰巧坐在了时任心理学和临床语言科学学院院长的劳里·巴特勒（Laurie Butler）教授的旁边，开始与他聊起来。随后，巴特勒教授给朱莉亚介绍了其他研究人员和他的学院正在进行的一些项目，以促成未来可能的合作。于是朱莉亚与寇·莫里亚玛（Kou Murrayama）博士有了进一步的讨论。莫里亚玛博士的专业知识和研究兴趣与朱莉亚希望研究的问题非常吻合。他的研究从动机和认知的心理学理论转向了神经和社会层面的探索，其具体研究兴趣包括记忆、动机与好奇心、元认知以及竞争的作用。莫里亚玛博士发表了大量的研究成果，获得了多个奖项，包括 2018 年国际心智、脑与教育学会颁发的**新秀学者奖**（Early Career Award）和 2016 年由学习与脑公司（Learning and the Brain®）颁发的**神经科学改变教育**（Transforming Education Through Neuroscience）奖。

埃米加入安妮女王学校的时候，“脑能做到”项目已经进行了一年。埃米谈到，雷丁大学的活动非常丰富，因此安妮女王学校可以选择想要参与的活动。当时，雷丁大学正在寻找一所能够作为一些研究项目合作伙伴的学校。埃米的背景也使安妮女王学校能够与其他大学建立联系，尤其是伦敦大学金史密斯学院（Goldsmiths, University of London）。在埃米的案例中，她将有关青少年脑与成就和幸福感的神经科学证据整合起来，然后探讨这对课堂意味着什么，以此作为关键的动力因素。她也认识到，研究合作的稳步发展现在也是学校的一个特点。我们后面会看到，这并不是一蹴而就的。

虽然朱莉亚和埃米是推动“脑能做到”项目的重要人员，但她们清楚地认识到，如果不能赢得学校员工的专业兴趣和支持，任何一项学校工作都无法产生持久的作用。朱莉亚和埃米都经常提到同事们的参与。让全体
129 员工参与进来的一个有趣的出发点是解决神经迷思引起的困惑，我们已在第 4 章对此进行过深入的讨论。这本身就是一个值得专业学习的问题，但同时也是学校合作进行教育神经科学研究的一项重要基础工作。朱莉亚还学习了牛津大学的成人教育课程，例如行为神经科学，因为她觉得自己需要有一定的基础。不过她也指出，虽然具备一定的神经科学知识是必要的，但教师不必认为自己应该具备广博的神经科学知识。事实上，我在其他地方提到的研究表明，过量的科学知识可能导致一些教师认为教育神经科学超出了他们的理解能力，因而对他们来说几乎没有什么价值。在后面的“进一步的成果”部分，我将简要介绍《“脑能做到”教师手册》是如

何解决这一问题的。

## 从想法到行动

通过与朱莉亚和埃米的讨论，我们发现启动和完成合作研究项目，最重要的因素是时间。讨论中提到了许多会议，其中一些是面对面的会议，一些是在线会议。在最初的项目规划会议中，安妮女王学校和雷丁大学明确了各自希望从项目中获得什么，另一些会议则讨论了持续更新的项目计划，例如研究人员访问学校。我们将在第 10 章回到最初的共识问题。朱莉亚和埃米都强调了在投入时间上做出承诺的重要性。让我印象深刻的是，学校与大学的合作关系的平衡性和协作性在很大程度上归功于这种承诺，即便研究的性质决定了不能保证取得积极的成果，学校仍然愿意做出这种承诺。我们在第 5 章讨论过，使学校成为一个充满研究氛围的环境其好处是大于风险的。

安妮女王学校在与大学的合作伙伴关系中拥有重要的发言权。在协商的过程中，学校否决或重新设计了一些项目，在这些项目中，学校仅仅是一个数据源，或者在研究过程中收获甚微。埃米指出，与高校知名科研人员的合作是与其建立长期关系的一个重要方面。同时，学校还为研究人员 130
职业生涯的早期阶段提供了支持。这包括安妮女王学校和雷丁大学共同获得资金的一项博士研究生项目。学校职员参与了博士研究生的选拔过程。到目前为止，英国其他学校很少有这样可以协助挑选将与他们密切合作的研究人员的机会。在安妮女王学校，学校师生对被成功选上的博士研究生都很熟悉。埃米把学校与大学的合作描述为“动态的双向合作”，这正是这种合作的本质。

## 挑战

在这个标题下不可避免地要再次谈到时间问题，有理由相信，时间是所有学校，至少是许多学校最紧缺的东西。安妮女王学校做出了明确的决定，将研究作为优先事项，相应地也愿意抽出时间并对校内人员专业知识的提升进行投资。保罗·霍华德－琼斯建议，将来的学校至少需要聘用一名同时具有教育和教育神经科学专业知识的员工，安妮女王学校采纳了这个建议。我们将在第 10 章再次讨论这一问题。

并不是所有的学校利益相关者都会轻易地接受这样的观点：致力于教育神经科学研究是一项积极的行动。因此，有必要向利益相关者提供大量信息和指导，使他们了解最新的情况，并确保他们对研究成果的期望是合理的。伦理问题也需要仔细考虑。在调查和访谈中，学生们向研究人员提供了丰富的个人想法。学生们来到雷丁大学，参与功能性磁共振成像脑扫描研究。当然，学校必须在遵循伦理协议的前提下才能让学生参加这些研究活动。对功能性磁共振成像一类的医学扫描而言，这样的协议很多。学校需要确保各方了解伦理问题、为解决这些问题而采取的措施以及研究参
131 与者的权利。雷丁大学在与利益相关者，尤其是家长一起解决这一问题时发挥了作用。朱莉亚提到最初这是一个相当大的挑战。尽管朱莉亚指出家长最终的态度非常积极，我仍然怀疑许多家长的第一反应是参与研究可能会干扰孩子的学习。实际上，有很多来自学生的证据表明，参与功能性磁共振成像研究以及“脑能做到”项目的其他方面让学生学到了很多关于学习以及脑的可塑性的知识。学校认识到目前这些证据还只是轶事性的，但可以通过质性调查弄清研究对学生产生的影响。正如第 2 章提到的，关于儿童掌握的脑科学知识对学习结果的影响，目前的研究证据还很有限（Rossi et al., 2015）。

埃米赞同评估效果是研究合作具有挑战性的一个方面，并指出这是一个持续受到审视的问题。她指出好的研究需要时间。这个问题处理不好可能导致参与研究的学生已经离开学校，而项目组仅能提交一份中期研究报

告，这正是另一所参与一个更大项目的学校遇到的情况。安妮女王学校正在努力解决这一问题。例如，在现任教学主任的领导下，学习研究小组的教师正在对致力于提高学生数据检索和实践能力的课堂策略进行试验。除了记录学生关于这些策略的效果的自我报告外，项目组致力于系统地衡量这些策略的影响。同时，项目组成员认识到有必要收集纵向数据，并理解有时可能会出现**无效**结果。埃米建议，在处理纵向数据时，重要的是要认清“研究过程中的相关结果”。她指出，与大学研究人员建立密切的合作关系往往意味着可以快速获得研究结果的反馈；反过来，这有助于促进研究人员定期为学生家长提供反馈，研究人员也会到访学校参加讨论和会议。埃米举了一个例子，在一组学生花了一年时间来完成的一项调查中，一个研究小组能够在几小时内反馈调查结果。安妮女王学校计划在2018—2019 学年进一步改进的一件事是，要在研究早期阶段安排家长与研究人员会面，让家长不仅签署参与研究的知情同意书，还能够与研究人员对话，并提出自己的问题。埃米的原话是“让人们参与进来，并让他们 132
持续参与其中”（这也是我要强调的重点）。

对安妮女王学校来说，能够与距离最近的一所大学拥有大量共同的研究兴趣是一个巧合。与其他大学的空间距离可能是一个挑战，然而这并没有阻止安妮女王学校向其他大学寻求机会或教育问题的答案。下文将详细介绍其与伦敦大学金史密斯学院合作的项目，该项目探讨了音乐对学业发展的影响。该项目包含四所英国学校，并在欧洲基金的资助下将合作学校扩展到德国的学校。学校之间的差异引发了一些现实问题，例如某所学校的学生在校时间较短，使得研究人员研究学生的机会减少。不同学校对研究进展的不同需求和日程安排也是重要的影响因素。

## 项目示例

在 2018 年的“脑能做到”会议上，三位首席研究人员介绍了三个项目的最新进展。

莫里亚玛博士讨论了“情绪感染”（Emotional Contagion）项目的进展情况，该项目与迪安·伯内特（Dean Burnett）博士早先关于情绪感染对青少年同伴群体的影响的报告有关。这项研究正在探索青少年如何从朋友和同伴身上获得人格特征和态度。学校内部的影响模式并不一致，不同的年龄群体表现出不同的影响模式。我与埃米讨论了这一熟悉的现象。我们都曾是具有独特特征的，或者至少与同一所学校的其他年龄群体有着明显不同的特点的年龄群体的一员。这项研究为理解和管理这些特殊的年龄群体带来了不同的视角。这项研究已经发展到神经层面。研究者利用功能性磁共振成像来探索脑功能的个体差异，它有可能揭示情绪感染的神经机制。正如我们在第 6 章看到的，人们越来越关注脑的个体差异（Foulkes & Blakemore，2018）。此外，也有研究关注影响情绪感染的遗传因素（Domingue et al.，2018；见第 6 章），埃米和我讨论了这项研究。到目前为止，有关情绪感染的研究已在 2016 年美国教育研究协会
133 （American Educational Research Association，AERA）的年会上进行了成功的展示（Burgess et al.，2017）。相关研究成果的一篇期刊论文已经投稿《心智、脑与教育》期刊。

“自我肯定与认知表现”（Self-affirmation and Cognitive Performance）项目也是雷丁大学的一个合作项目。认知功能专家丹尼尔·兰波特（Daniel Lamport）博士介绍了该项目的最新进展，兰波特博士尤其关注饮食和锻炼对认知功能的影响。138 名学生参与了这项研究。这个项目设计有意思的地方在于，每名参与者只需要花很少的时间参与研究。该项目得出了积极的自我对话可以提高考试成绩的结论，并对一系列可能的原因进行了讨论。研究结果支持了卡罗尔·德韦克关于**自我理论**的观点，通过这次合作，“脑能做到”项目在探索自我理论的本质上迈出了重要的一步。关于这项研究学校已经发表了一份报告（Lamport & Butler，2015）。

“音乐和脑研究”（Music and the Brain Research）项目主要在伦敦大学金史密斯学院进行，由学院的丹尼尔·缪伦塞芬（Daniel Müllensiefen）

博士主持。缪伦塞芬博士是心理学高级讲师，其研究兴趣是音乐、心智与脑，缪伦塞芬博士还在音乐版权相关的法律事务中扮演着有趣的角色。该项目的完整名称——“增长你的音乐专业知识，成为有效的学习者”（Grow Your Musical Expertise and Become an Effective Learner）反映了学校感兴趣的主题是音乐对学习和动机的潜在影响。虽然有证据表明接触音乐与学业成绩之间存在相关，但能证明二者存在因果关系的证据很少，该项目试图对此进行探索。312 名安妮女王学校的学生参与了这项研究，这成为一项涉及英国和德国学校的纵向项目的起点。正如“脑能做到”官网上描述的：

> 该研究采用纵向设计，首次验证了中学生在自然情境（即该情境没有任何特殊的音乐干预）中积极接触音乐确实对其学业成绩有正面影响。（braincando.com/research，引用日期：2018 年 6 月 4 日）

研究假设，这可能是因为音乐技能的学习能够帮助学生认识到专心致志和坚持不懈的练习非常重要，音乐是人脑具有可塑性的一个例子，人脑会对接收到的日常要求做出响应。研究者认为，通过功能性磁共振成像能 134
够看到这些变化也对学习态度产生了影响。这项研究的细节可以在缪伦塞芬等人（Müllensiefen et al., 2015，2017）发表的论文中看到。

朱莉亚认为每个项目都是进一步研究的基石，也是与研究人员和机构保持合作关系的基石，而不是有限的、一次性的合作。她说：“每一年我们都有新的进展。”

## 进一步的成果

“脑能做到”除了开展研究项目外，还带来了其他成果。例如《“脑能做到”教师手册》（*BrainCanDo Teacher Handbook*，2018），这是一本

42 页的指南，由埃米和她的同事贝唐·格林哈尔希（Bethan Greenhalgh）在部分借鉴其他同事经验的基础上共同撰写，由乔纳森·比尔（Jonathan Beale）和朱莉亚编辑。手册在“记忆”“社会脑”“音乐脑”“压力”“思维模式”“生物节奏”“翻转课堂”等章节下探讨了一些科学知识，并列出了可能的课堂应用。每章中的“试一试”（Give It a Go！）部分并没有提供标准方法，而是邀请教师选择可能的教学方法进行试验，这些章节与学校的全部课程均有关联。这是一个具有参考价值的、可读性强的指南，既考虑了教师有限的时间，也为其课堂理念提供了足够的神经科学基础，让教师相信他们在实践中进行的试验是有价值的。学校鼓励教师们分享自己尝试课堂策略的经验。一些教师已经把他们的发现写成论文，成功发表在特许教育学院院刊《影响》（*Impact*）杂志上（Beale，2018；Little，2018；McNeil，2018；Müllensiefen et al.，2018）。此外，还有教师从教育神经科学的角度分析了安妮女王学校取得长期的良好实践效果的原因。

除了吸引当地学校、周边学校和研究人员参加研讨会和会议，“脑能做到”也为安妮女王学校自己的学生举办平行会议。近期的一场这类互动
135 式活动是与 2018 年的主会同期举行的平行会议，该会议邀请演讲嘉宾从学习、脑发育与健康的角度探讨记忆、音乐和体育活动等主题。

这就是“脑能做到”项目的进展情况，该项目目前在威斯敏斯特格雷科基金会（Westminster Greycoat Foundation）的赞助下获得了慈善公司的地位，安妮女王学校和另外四所学校是基金会的成员，另外的四所学校中，两所是公立学校，两所是私立学校。虽然“脑能做到”目前主要在安妮女王学校开展，但基金会的另外四所学校也参与了研究。在此基础上，该项目能够为教师和学生提供定制的工作坊。项目成员也在考虑与其他学校建立伙伴关系。在某些情况下，学校可能会从“脑能做到”获得研究支持并与之建立合作，这是除与大学合作之外的另一种获得支持的途径。朱莉亚还表达了为小学阶段的研究提供支持的兴趣。

## 核心建议

如本章前面所述，朱莉亚和埃米在对所取得的成就感到自豪的同时也表现出谦逊的态度，她们都认识到需要不断学习和发现更多的东西，安妮女王学校行之有效的方案不一定是其他学校所需要的。她们都不会试图指点其他学校应该如何提高研究参与度。不过，她们非常愿意分享自己的经验。

当我询问如果必须要提的话，她会向其他学校提供什么样的建议时，埃米提出了以下观点：

- 认真挑选研究问题，保持明确的目标。
- 坚持把改善教育作为根本任务，不忘初心。
- 愿意从长远考虑。
- 避免成为“一站式数据收集点”。
- 与知名学者发展合作关系。
- 给教师时间和自由。

除此之外，埃米还认识到有些问题（例如，关于教育是什么的不同假设）需要更广泛、深入的讨论。这些假设是教师和研究人员的思想体系的基础，即帕尔加特等人提出的“难题”（Palghat et al., 2017，p. 204）。

在本章开头，我没有介绍安妮女王学校的背景细节。朱莉亚和埃米意 136
识到，安妮女王学校的成功和独立地位赋予了她一些自由，这在其他学校看来是无法获得的。我认为，不应该因为社会经济差异或政治差异而忽视“脑能做到”提供的宝贵经验以及该项目积累的专业知识。背景可能是有利因素，但努力、领导力和冒险精神也是必不可少的因素，无论用什么标准衡量，该项目五年来取得的成就都令人赞叹。我非常感谢安妮女王学校在我了解该项目的过程中给予的热情支持，期待能够继续追踪该项目的未来进展。

**总结 · 练习 · 思考**

- 就以下两方面而言，你的学校所在地的大学的情况如何？（a）与你的学校之间的关系；（b）你的学校可能参与的研究活动（神经科学或其他方面）。
- 本章对你的学校有何实践方面的启示？
- 当一所学校参与一个研究项目时，你如何看待研究有效及无效的问题？

## 参考文献

Beale, J. (2018) Developing effective learning through emotional engagement in the teaching of ethics. *Impact, Journal of the Chartered College of Teaching* 3: 56–57.

Burgess, L. G., Riddell, P., Fancourt, A. and Murrayama, K. (2017) Investigating similarity in motivation between friends during adolescence. Paper presented at American Educational Research Association (AERA) Annual Meeting. 27.04.17–01.05.17.

Burgess, L. G., Riddell, P., Fancourt, A. and Murrayama, K. (under review) The role of social contagion in influencing child and adolescent education: A review. *Mind, Brain and Education*.

Domingue, B. W., Belsky, D. W., Fletcher, J. M., Donley, D., Boardman, J. D. and Harris, K. M. (2018) The school genome of friends and schoolmates in
137 the national Longitudinal Study of Adolescent to Adult Health. *Proceedings of the National Academy of Science*. Published ahead of print 9.1.18. https://doi.org/10.1073/pnas.1711803115.

Foulkes, L. and Blakemore, S. -J. (2018) Studying individual differences in human adolescent brain development. *Nature Neuroscience* 21(3): 315–323.

Harrington, J. and Beale, J. (eds) (2018) *BrainCanDo Teacher Handbook.*

Lamport, D. and Butler, L. (2015) An investigation into the effects of self affirmation and alternative uses on cognitive performance in Queen Anne's School. *Queen Anne's School Report.*

Little, G. (2018) Applying the expert learning culture at Queen Anne's School. *Impact, Journal of the Chartered College of Teaching* 3. Online edition. Available at: https://impact.chartered.college/article/little_expert-culture-school/.

McNeil, L. (2018) Jigsaw reading – how can a puzzle engage the social brain? *Impact, Journal of the Chartered College of Teaching* 3. Online edition. Available at: https://impact.chartered.college/article/mcneil_ jigsaw-reading-puzzle-brain/.

Müllensiefen, D., Harrison, P., Caprini, F. and Fancourt, A. (2015) Investigating the importance of self-theories of intelligence and musicality for students' academic and musical achievement. *Frontiers in Psychology* 6 (1702). doi:10.3389/fpsyg.2015.01702.

Müllensiefen, D., Shapiro, R., Harrison, P., Bashir, Z. and Fancourt, A. (2017) Musical abilities and academic achievement – what's the difference? Paper presented at the 25th Anniversary Conference of the European Society for the Cognitive Sciences of Music (ESCOM). 04.08.17.

Müllensiefen, D., Harrison, P., Caprini, F. and Fancourt, A. (2018) Mindset and music. *Impact, Journal of the Chartered College of Teaching* 2: 43–46.

Palghat, K., Horvath, J. C. and Lodge, J. M. (2017) The hard problem of educational neuroscience. *Trends in Neuroscience and Education* 6: 204–210.

Rossi, S., Lanoë, C., Poirel, N., Pineau, A., Houdé, O. and Lubin, A. (2015) When I met my brain: Participating in a neuroimaging study influences children's naïve mind-brain conceptions. *Trends in Neuroscience and Education* 4(4): 92–97.

# 第8章

# 教育领域著名的脑科学人物：坦普尔·格兰丁和芭芭拉·阿罗史密斯－扬

在本章我们将：

- 从教育和脑的视角探讨坦普尔·格兰丁和芭芭拉·阿罗史密斯－扬的个人经历
- 思考他们对教育实践及其他方面的影响

139 本章的写作灵感来源于已故的英国神经科学家奥利弗·萨克斯（Oliver Sacks）的工作。通过《错把妻子当帽子》（*The Man Who Mistook His Wife For a Hat*）和《音乐癖》（*Musicophilia*）等书，萨克斯因其通过通俗易懂的个案研究探索神经和心理问题的能力而广为人知。事实上，萨克斯写了坦普尔·格兰丁（Temple Grandin）本人，也为她的第一本关于自闭症的书写了序言。就坦普尔·格兰丁和芭芭拉·阿罗史密斯－扬而言，除了其他人对她们的描述，她们都对自己和自己的脑进行了大量的个案研究。通过这一过程，格兰丁为我们对自闭症的理解做出了巨大贡献，而阿罗史密斯－扬的贡献在于提供了应对一系列学习困难的方法。对许多人来说，她们二人都是应对与脑有关的问题的重要榜样，尽管她们也有各自的批评者。

尽管她们二人之间有许多相似之处，但也存在很大的不同。她们的生活、经历，以及人们对她们的研究结果的看法大相径庭，因此我将她们二人分开来讨论。我先谈坦普尔·格兰丁，原因很简单，因为在我看到阿罗史密斯－扬的书之前，我就知道格兰丁了。

## 坦普尔·格兰丁：生平简介

坦普尔·格兰丁 1947 年出生于马萨诸塞州的波士顿。她 2 岁时被诊断出患有“脑损伤”，这是在观察其行为和交流的基础上得出的结论。在格兰丁十几岁的时候，她的母亲在看了自闭症研究所（Autism Research Institute）的伯纳德·里姆兰（Bernard Rimland）博士编制的自闭症评定量表后，开始怀疑她患有自闭症。

当时，许多处于这种状况的孩子被送到社会福利机构，尽管她的父亲更愿意接受常规的做法，但格兰丁的母亲决心不这么做。相反，格兰丁的母亲听从了其他建议，聘请了一名医师定期对格兰丁进行言语治疗。此外，格兰丁家里还雇了一个愿意花很多时间与格兰丁进行一对一教育活动的保姆。

格兰丁确实上过普通学校，至少在 14 岁之前是这样的。她认为这些 140
日子非常痛苦，因为其他孩子用各种方式取笑她，尤其是她的重复言语。在一次这样的嘲弄后，格兰丁向肇事者扔了一本书，从此就永远被高中开除了。

在接下来的几个月里，格兰丁的生活发生了一些重大事件。她的父母离婚了，这使得格兰丁经常与母亲的第二任丈夫本 · 卡特勒（Ben Cutler）的妹妹安 · 卡特勒（Ann Cutler）待在一起。她们一起与家畜为伴，这成了她一生的爱好，也成就了她备受赞誉的职业生涯，并帮助了她思考自己和其他自闭症患者。她还去了一所新学校，这是一所私立寄宿学校，专门为有严重障碍的儿童而设立，在那里她遇到了科学老师威尔 · 卡洛克（Will Carlock），他对她中学和大学时代的进步起到了重要作用。

格兰丁在她的第二所高中得到了很好的服务。尽管对她而言困难重重，她还是于 1970 年获得人类心理学学位，1975 年获得动物科学硕士学位，1989 年获得动物科学博士学位。她在动物科学领域做出了巨大贡献，尤其是在牲畜福利方面。她出版了大量研究成果，还是一位很受欢迎的顾问。除了专业工作外，她关于自己和自闭症的著作使她在国际上受到广泛关注，并成为这一领域备受欢迎的演说家。她是科罗拉多州立大学动物科学教授，一系列荣誉奖励的获得者。正如她个人网页上的描述，“在看似迥异的动物科学和自闭症教育领域，她是一位教授、发明家、畅销书作家、摇滚巨星”。2010 年，获奖电影《自闭历程》（*Temple Grandin*）再现了她的生活。

## 坦普尔 · 格兰丁的自闭症研究成果

格兰丁在著作和论文中写了大量自身的自闭症经历和自己对自闭症的看法。她是脑成像研究者感兴趣的研究对象，她也很愿意成为新的成像技术的测试对象。

141 1986 年，格兰丁与玛格丽特 · 斯卡里亚诺（Margaret Scariano）合著的第一本关于自闭症的书《带着自闭症标签的人生》（*Emergence: Labelled Autistic*）首次出版。这本书首次叙述了格兰丁伴随自闭症成长，努力适应经常让她感到困惑和不知所措的周遭环境的故事。对于许多自闭症儿童的父母，以及被诊断或怀疑自己处于自闭症谱系之中的成年人来说，这本书一直是支持和鼓舞的源泉。对教师来说，这是一份强有力的第一手资料，它描述了自闭症学生在课堂上可能面临的许多感觉和人际关系方面的挑战。

格兰丁解释说，她的脑对感觉信息的反应经常在过度敏感与敏感不足之间摆动。当她还是个孩子时，她用来管理自己被压垮的感觉的方法之一就是隔离自己，故意让自己变得反应迟钝。当被压垮的感觉来自听觉通道时，她常常假装耳聋。这加剧了她与学校同伴之间的疏离，同学们认为她冷漠、不容易亲近。很明显，这些自我保护行为可能（有时的确）被老师和同伴误解。

格兰丁相信教育工作者不应该阻止自闭症儿童经常表现出来的定向注意和强迫观念，而是应该利用它们来促进自闭症儿童的学习、提升其学习动机。在那本书的新版介绍（Grandin & Scariano，2005）中，她将高功能自闭症患者和阿斯伯格综合征（Asperger's syndrome）患者的脑称为"专业化的脑"（p. 14），这些人往往很适合从事能够成功利用其"专长"的职业。这种强烈而执着的专注可能会阻断课堂上的过度刺激，这是自闭症儿童面临的另一个困难。

格兰丁一直认为找到合适的导师至关重要，同时，找到应对感觉困难和焦虑的适宜方法也很关键（无论通过药物还是治疗）。尝试错误也很重要，格兰丁经常指出，任何应对方法都可能对某些儿童产生显著效果，而对其他儿童无效或起反作用。有意思的是，她描述了她认识的自闭症成人，认为他们之所以痛苦是因为不接受任何药物。就她自身而言，她发现低剂量的抗抑郁药物是有益的。

142 从 5 岁开始上学起，老师们难以管理和理解的不仅是格兰丁的行为，还有她的认知方式。格兰丁讲述了她对自己的答案进行推理的生动记忆，例如她原本打算用字母 B 标记花园中的某些物品，结果却使用了“garden”这个单词中的字母 G。在格兰丁的思维中，决定性的因素是花园，因为这些物品位于花园中。她清楚地理解这些字母，却无法向老师解释她的逻辑。

早在二年级的时候，格兰丁就开始思考她所谓的“一种可以给我的身体提供强烈的压力刺激的神奇装置”（p. 36）。后来她意识到这是一种在自己的控制之下制造触觉刺激的途径，童年时期的她继续梦想通过机械工具来实现这一目标，同时也进行自己的实验，用毯子包裹自己，或将厚厚的垫子压在自己身上。最终，她通过研究姑妈牧场里的牛溜槽，使这个梦想变成了“挤压机”，格兰丁将自己与他人身体接触能力的提高、与他人关系的改善以及攻击性行为的减少很大程度上归功于这个机器。在写作《带着自闭症标签的人生》这本书时，洛娜 · 温（Lorna Wing）等其他知名的自闭症治疗师已经开始探索采用这种方法来减少感觉超载和神经焦虑。我们需要再次注意，尽管挤压机现在已经开始商业化生产，格兰丁仍提醒我们，对她有效的方法不一定适用于所有的自闭症患者。学校已经尝试过使用健身垫和靠垫，让自闭症青少年沉浸在温和的压力中。

《带着自闭症标签的人生》探讨了在应激和变化期，格兰丁的定向注意是如何变得更强烈的。青春期是她一生中极具挑战性的阶段。荷尔蒙的变化导致了焦虑和强迫行为的增加。格兰丁讨论了去甲肾上腺素的研究，这类研究表明，去甲肾上腺素功能障碍会影响脑唤醒和神经冲动的水平，这可能是造成刺激反应障碍、拒绝改变和焦虑发作的原因。

在《带着自闭症标签的人生》的后面几章中，格兰丁讨论了她对畜牧业日益增长的兴趣，她意识到自己能够与动物产生共情，与人类却很难。 143
一些有关她的书探讨了这个问题，我们在下面将讨论到。她还谈到自己仍旧需要使用视觉化的身体姿势来帮助自己记住一些概念：左 / 右，顺时针 / 逆时针，自己仍旧容易混淆的“over”和“other”一类的近似词，等等。她开始解释自己的记忆如何以视觉的方式工作，即她的记忆建立在图片和心理影像之中，需要的时候她会回放这些影像。我们将通过她的书《用图像思考》（*Thinking in Pictures*）进一步探讨这一特点。对于教育工作者来说，《带着自闭症标签的人生》的第 11 章也发人深省，其中提到了许多标准化测试，成年格兰丁在这些测试上的成绩很差，这与她在学术和专业上取得的巨大成就形成了鲜明的对比。

2006 年版的《用图像思考》保留了原版内容，格兰丁在每章末尾增添了新的内容。两个版本都承认的一个关键点是，不是所有的自闭症患者都像格兰丁一样以视觉的方式思考，尽管她之前提出过这样的假设。尽管如此，认识到对于格兰丁和其他自闭症患者来说抽象概念需要视觉表征的支持是很有帮助的。在这本书一开始，格兰丁就解释说，她把口语和书面语都“转译”为图片和视频。她很快指出这种认知方式对她的工作的积极的一面，因为视觉化可以促进她的设备设计工作。书中描述了格兰丁如何在脑海中通过解构已经存在的图像来创造新的视觉图像（这样图像元素可以进行不同的组合），以及她的思维如何像正常人一样游走。不同于常人的是，格兰丁的白日梦是从一段视频跳到另一段视频，这些部分读起来引人入胜。这里与神经科学研究可以产生一个链接：研究表明，白日梦对创造力至关重要（Goodwin et al.，2017；同时参见我们在第 9 章对创造力的神经科学的讨论）。格兰丁指出我们都处在视觉化技能连续体的某个点上。她指出她的视觉记忆和操纵这些记忆的能力使自己不像许多自闭症患者那样依赖于熟悉和常规的事物，这是她的世界能够不断发展的主要因素。

144 基于现有的表明视觉化可以引发相关脑区血流量增大的证据，格兰丁讨论了多个领域的人们是如何认识到以视觉化方式来思考行动的潜在作用的，它可以作为对行动的实际练习的有效补充，我们在第 4 章已谈到这一点。在 2006 年版的更新内容中，格兰丁探讨了一项研究，该研究提示自闭症的特征是脑区之间无法正常连接，并假设自闭症谱系中的所有个体都会进行某种类型的思考，或是这些类型的组合的思考。她将这些“专业化的脑”（p. 28）称为视觉思考者、音乐 / 数学思考者和语言逻辑思考者，并呼吁教育工作者更加注意利用这些优势。格兰丁多次使用自己在代数学习上的困难作为例子：“没有什么是能让我想象的。没有想象，我就没有思维。”（p. 29）在描述每一种类型的思考者通常擅长什么时，格兰丁预示了她后来为自闭症患者所做的专业工作。

格兰丁并没有忽视这样一个事实：大量的自闭症研究都聚焦在遗传学上。她提醒我们，自闭症的基因并不是单一的，基因与个体的环境和经历相互作用，遗传学并不能完全解释脑的发育。这是一个复杂的领域，大量与自闭症有关的遗传因素正在研究之中。

除了将自闭症描述为一个有关感觉输入的敏感程度的连续体外，格兰丁还探讨了对一些自闭症患者而言感觉是如何变得混乱的，尤其是在压力或疲劳的情况下。声音可能被感知为颜色，触压可能被感知为声音，还有其他形式的感觉混乱。显然这大大增加了自闭症患者感知现实的困难。格兰丁警告说，这些问题可能被误诊为幻觉或妄想。在她研究的一些案例中，自闭症患者不能同时处理视觉和听觉输入。脑成像技术继续帮助我们分析这些感知障碍的细节，格兰丁相信这有助于我们设计更有针对性的治疗方案。她不止一次地表示，学校有时过于关注自闭症学生的人际关系问题，而疏于帮助他们应对很多来自感觉方面的困难。

《用图像思考》的第 6 章标题是“生物化学的信徒”（Believer in 145
Biochemistry），在这一章里，格兰丁重申了她对自闭症患者使用药物所持的谨慎而积极的看法。她详细描述了自己在人生的不同阶段需要不同药物治疗的经历，以及探索适宜的药物剂量的艰辛过程。她很担忧一些执业医师对许多现有药物的了解不够专业，担心他们难以胜任对不同的自闭症患者的治疗工作。她详细讨论了许多药物，并且提供了相关研究证据作为支持。格兰丁的讨论为正在与学生和家长一起努力克服自闭症的教师和治疗师们提供了丰富的信息。

同样有趣的是，格兰丁谈到了她对动物思维与自闭症患者思维之间的相似之处的看法。她认为恐惧在动物行为中扮演了重要角色，环境的变化、陌生感或任何不合常规的事物都会频繁地引发动物的恐惧，这往往与自闭症患者的情况一样。她还解释了动物如何在没有语言的情况下进行思考：它们使用视觉记忆以及对声音、嗅觉和触觉的记忆来引导自己的行为。她把动物的这种思维方式与自己的视觉思维和分类联系在一起。格兰丁认为，使用这种思维方式可能导致了一些自闭症患者无法将学习迁移或推广到不同的情境中。她举了一个自闭症儿童的例子，这个孩子知道跑到家门外的路上去很危险，他能够把家门外的路想象成一个危险的地方，却不能把这种危险与其他公路联系起来。格兰丁在这本书的结尾谈到了她对自闭症儿童的教学理念，尤其是在如何教会他们对和错的概念方面。她最根本的建议是，自闭症儿童需要探索和记住大量的例子，例如哪些行为属于偷窃一类的错误行为。

格兰丁与动物世界产生联结的另一个方面是联想（association），它可以引发看似不合情理的反应。她描述了这样一个例子：一个孩子害怕蓝色外套，这是因为当烟雾探测器发出的尖啸声冲击他敏感的听力时，他正穿着一件蓝色外套。她回忆道，有一匹马对黑色牛仔帽也有类似的不信任
146 感，黑色牛仔帽很可能与虐待有关，而戴白帽子的工人没有让马遭受过痛苦。格兰丁在《倾听动物心语》（*Animals in Translation*）一书中探讨了动物行为为我们理解自闭症的某些方面提供了怎样的启示。如前所述，这些想法是其他人以格兰丁为写作对象的原因之一，我们将在本章后面提到这一点。

另一些由格兰丁和其他知名自闭症专家合著的书讨论了自闭症患者的生活，探讨了他们如何在个人生活中获得成功，如何找到自己能够胜任的工作。2012 年，格兰丁与英国自闭症专家托尼·阿特伍德（Tony Attwood）合著了《不一样，但不比别人差》（*Different ... Not Less*）。这本书记录了 14 个截然不同的自闭症患者的生活。格兰丁与美国专家德布拉·穆尔（Debra Moore）合著的《爱的推动》（*The Loving Push*）探讨了更多现实生活中的例子和原则，作者认为这些原则对于自闭症患者的有效培养，以及增加他们对学习和工作的积极体验至关重要。

在另一本合著成果《自闭症的脑》（*The Autistic Brain*）中，格兰丁

（Grandin & Panek，2014）继续探索着帮助自闭症患者学习和过上充实生活的途径，同时也讨论了可以将她的优势和困难与脑功能区域联系起来的进一步证据。例如，她的小脑比常人小，她认为这可能是她滑雪困难的一个原因。格兰丁还写了她在成像技术方面的经验。她经常被邀请参加新的成像技术的实验，并总是愿意合作。

## 格兰丁关于自闭症的文章

印第安纳大学的印第安纳自闭症资源中心（Indiana Resource Center for Autism）收藏了格兰丁的一些短文，这些短文可以从中心网站上找到，它们概括了格兰丁所著书籍的内容。这些短文包括：

- 《自闭症的内部视角》（An Inside View of Autism，1991 年）；
- 《天才可能是一种异常：教育患有阿斯伯格综合征或高功能自闭症的学生》（Genius May Be an Abnormality: Educating Students with Asperger's Syndrome or High-Functioning Autism，2001 年）；
- 《社会性问题：理解情绪与发展天赋》（Social Problems: 147
Understanding Emotions and Developing Talents，1998 年）；
- 《自闭症儿童和成人的教学技巧》（Teaching Tips for Children and Adults with Autism，2002 年）；
- 《思维解读：一种个人视角》（Transition Ideas: A Personal Perspective，2016 年）。

格兰丁还有一个个人网站，持续记录着她正在进行的工作和她的想法（templegrandin.com）。

## 他人作品中有关格兰丁的观点

许多作者在自己的文章中探讨了格兰丁的生活、工作和观点的各个方面，讨论了有关很多问题的不同观点，例如神经多样性、“人类”的定义以及格兰丁挤压机更广泛的意义。下面我们将逐一举例讨论这些问题。围绕这些问题的一些争论非常复杂，但与全纳学校的环境息息相关。

### 自闭症、人类变异与神经多样性

贾斯玛和韦林（Jaarsma & Welin，2012）在《健康护理分析》（*Health Care Analysis*）杂志上发表文章，探讨了“神经多样性运动”（neurodiversity movement）的概念。“神经多样性运动”主张将神经疾病重新评估为神经发育的变异，而非缺陷障碍。这一运动认为神经多样性群体有正当理由行使权利并受到社会的接纳。贾斯玛和韦林认为，神经多样性是一个“有争议的概念”（p. 20）。他们将格兰丁的观点与唐娜·威廉姆斯（Donna Williams）的观点进行了对比：前者认为自闭症是她的一部分，对她和许多其他患者来说，自闭症是他们个人成就的一个要素；后者却认为，自闭症是一座监狱，将她真实的自我隐藏在世界之外。贾斯玛和韦林担心，神经多样性的概念忽视了低功能和高功能自闭症各自的复杂情况。他们对低功能和高功能自闭症进行了区分：前者是一种缺陷，后者是一种疾病。不过他们也指出，鉴于自闭症在人群中的分布程度，在统计学上可以将其视为一种正常的变异。他们指出，同性恋一度被划分为精神疾病，神经多样性同样如此。

148 格兰丁对自闭症标签产生的影响表示担忧，贾斯玛和韦林继续探讨了这个问题。他们认为，第5版的《精神障碍诊断与统计手册》将低功能和高功能自闭症归为一种疾病没有益处（在第4版中，高功能自闭症/阿斯伯格综合征是一个单独的分类）。贾斯玛和韦林认为，即使人们接受自闭症是人类正常变异的一部分，低功能自闭症患者仍然需要额外的照顾，笼统的定义掩盖了这一点。格兰丁本人一直对《精神障碍诊断与统计手册》

的定义持批评态度，尽管也有人反过来批评她主要写的是高功能自闭症的体验，很少提及低功能自闭症的情况。有人指出这可能造成盲目乐观。

这里的部分问题不在于自闭症本身，而在于社会对待它的方式。全纳学校或许是挑战这一现状的先锋，因为它们有助于公众增加对自闭症患者的弱势及权利的认识。同时，贾斯玛和韦林描述了互联网在帮助自闭症患者发展自己的文化和团体方面发挥的积极作用，互联网帮助他们创造了一个交流的环境，在这个环境中他们“可以摆脱典型（neurotypical）时间控制、典型肢体语言解读方式的限制，可以避免眼神交流的信息过载，省去管理眼神交流的能量需求”（Jaarsma & Welin，2012，p. 26）。相对于格兰丁在《爱的推动》一书中表达的对于过度使用网络的担忧，人们或许应该综合考虑两方面的观点。

## 自闭症与人类的问题

《自闭症与人类的问题》（Autism and the Question of the Human）是伯根马、罗斯奎斯特和伦格伦（Bergenmar et al., 2015）发表在《文学与医学》（*Literature and Medicine*）杂志上的一篇具有挑战性的论文的标题。虽然这篇文章不是对贾斯玛和韦林的回应，但它进一步探讨了围绕自闭症与“正常人”的争论。伯根马等人首先考察了大众传媒对自闭症的刻板印象，这些刻板印象有时把自闭症患者刻画为冷酷、精于算计甚至凶残的虚构人物的形象，尽管并没有证据表明自闭症患者比正常人更多地参与暴力犯罪。他们引用了斯蒂格·拉松（Stig Larsson）1979年的小说《自闭症 149
患者》（*Autisterna*）中的主人公的例子，他们认为这个人被刻画成了非人类的“动物”或“怪物”。不仅仅是小说的问题，伯根马等人指出《每日邮报》还曾暗示自闭症可能是挪威大屠杀凶手安德斯·布雷维克（Anders Breivik）行为的原因。从其他新闻渠道也很容易找到有关布雷维克的类似报道。

格兰丁把童年的自己描述为一个“野生动物”，而伯根马等人研究了许多自闭症患者，这些患者也觉得与动物相处比与人相处更融洽。伯根马等人认为，格兰丁的作品经常通过对动物的共情把自己描述为动物，并提出自己的思维方式更接近动物的思维方式，这打破了人类与动物之间的界限。

伯根马等人同时也提醒人们，从认知和社交技能缺失的角度看待自闭症的缺陷模型存在局限性，这种模型很容易被颠覆。我们可以反过来说，这种缺陷是“神经正常”的人们无法理解自闭症患者与他们的不同之处或者不同个体在情感上的差异造成的。

如果有读者觉得自传有助于理解自闭症，那么他们会对唐·普林斯 – 琼斯（Dawn Prince-Jones）的自传体作品感兴趣。伯根马等人还讨论了一些瑞典的例子，这些例子具备一种独立体裁——**自闭症自传**（autiebiography），作者包括古尼拉·耶兰（Gunilla Gerland），艾里斯·约翰逊（Iris Johansson）和伊曼纽尔·布兰德莫（Immanuel Brändemo）。

### 挤压机

正如我们在前面读到的，格兰丁为了体验触觉和控制自己对触碰的反应创造了挤压机。起初，她并不知道这种感官上的探索会逐步引导她更好地理解他人的感受和情绪。阿尔曼扎（Almanza，2016）将挤压机描述为一种“义肢”，一种“自我的义肢延伸”（p. 162）。阿尔曼扎认为挤压机代表了格兰丁对环境的一种“创造性参与”（p. 162），这对自闭症的缺陷模型提出了另一个挑战。阿尔曼扎认为这是对人们的自闭症认知的进一步挑战。

## 150 芭芭拉·阿罗史密斯 – 扬：生平简介

芭芭拉·阿罗史密斯 – 扬 1951 年出生于多伦多。多伊奇（Doidge，2007）用 20 世纪 50 年代的语言描述了阿罗史密斯 – 扬在幼年时期如何在某些方面表现出非凡的才能，而在另一些方面被划分为智力低下。阿罗史密斯 – 扬（Arrowsmith-Young，2012）自己也在书中描写了她在 6 岁时无意中听到的母亲与老师之间的一次对话，老师提到阿罗史密斯－扬似乎存在某种“精神障碍”，这是她第一次听到这样的说法（p. 4）。

她在尝试完成概念性的任务时存在明显困难，例如说出模拟时钟上的时间、将几行数字相加、理解游乐场的游戏以及理解口语和书面语的真实含义。她自己也反复尝试将一些独特的数字和字母颠倒过来书写，而不仅仅是常见的容易颠倒的字母和数字，例如字母 p 和 b 以及数字 5。更让她困惑的是，她天生就有从右向左书写的本能。阿罗史密斯－扬的身体也很笨拙，即使在熟悉的环境中，她也经常因找不准路线而撞上家具。她在不太熟悉的环境中很容易迷路。但她拥有出色的视觉和听觉记忆，这在一定程度上弥补了她的缺陷。她在事实性知识的测试中也能获得高分。

凭借巨大的个人努力、长时间的记忆以及家人的支持（尤其是来自母亲的支持），阿罗史密斯－扬顺利完成了中学学业，并于 1974 年开始攻读圭尔夫大学（University of Guelph）久享盛誉的营养学专业学位。经过第一个学期的学习，阿罗史密斯－扬发现该专业的知识超出了自己的能力，于是转向童年研究。她再一次通过反复听讲座录音和反复阅读与课程有关的材料获得了学位，并开始在多伦多大学的安大略教育研究所（Ontario Institute for Studies in Education，OISE）攻读硕士学位。

在安大略教育研究所的这几年为后来的阿罗史密斯课程（Arrowsmith Program）奠定了重要基础，而阿罗史密斯课程是阿罗史密斯学校的基石。 151
有三个关键因素推动了这一进程：第一，阿罗史密斯－扬遇到了安大略教育研究所的博士生乔舒亚·科恩（Joshua Cohen），科恩自己也有一些学习上的困难，他为遇到学习问题的孩子组织了一个小组；第二，科恩建议阿罗史密斯－扬阅读苏联心理学家亚历山大·鲁利亚（Alexander Luria）的作品；第三，她偶然发现了马克·罗森茨威格（Mark Rosenzweig）的作品，罗森茨威格对**神经可塑性**的概念进行了大量的研究和写作（见第 2 章）。

鲁利亚（Luria，1972）的书《破碎世界的人》（*The Man with a Shattered World*）让阿罗史密斯－扬着迷，这本书记录了苏联军官利奥瓦·扎泽斯基（Lyova Zazetsky）中尉的故事。扎泽斯基在 1943 年的斯摩棱斯克战役中头部受伤。阿罗史密斯 – 扬对扎泽斯基的脑损伤所造成的困难立即产生了共鸣，她感觉这与她自己的许多困难惊人地相似。她对扎泽斯基描述的脑迷雾和精神空白感同身受。与阿罗史密斯 – 扬一样，扎泽斯基也表现出了超乎想象的毅力和决心：尽管脑部受到损伤，但仍尽一切可能正常地生活。

此外，鲁利亚将扎泽斯基的各个受损脑区与其具体困难一一对应起来，这引发了阿罗史密斯 – 扬的思考：如果能够找到功能障碍对应的脑区的准确位置，那么就有可能针对这些脑区进行训练，以改善其功能。罗森茨威格关于神经可塑性的书似乎支持了她的观点。罗森茨威格的书指出，处于高刺激环境中的老鼠与处于低刺激环境中的老鼠相比，其脑发育表现出不同的模式（Rosenzweig et al.，1962）。这表明脑可以随着环境和经验发生持续的改变。阿罗史密斯 – 扬硕士阶段的研究对针对学习困难儿童的许多干预措施和练习提出了质疑，在此基础上，她开始试验自己设计的干预练习。

这些干预练习正是 1980 年多伦多开设的第一所阿罗史密斯学校的特色。我们将在下节探讨阿罗史密斯学校的工作及阿罗史密斯课程。第二所
152 阿罗史密斯学校建在多伦多郊外的彼得伯勒。除此以外，加拿大的 21 所（个）其他学校（中心）、美国的 32 所（个）学校（中心）、澳大利亚的 16 所（个）学校（中心）、新西兰的 4 所学校、泰国的 2 所学校以及马来西亚的 1 所学校、韩国的 1 所学校和西班牙的 1 个中心均提供阿罗史密斯课程。一些学校（中心）仅提供单一的阿罗史密斯课程，而另一些则提供更多的选择。一些中心还提供成人课程。

## 阿罗史密斯课程与脑

阿罗史密斯 – 扬提倡直接改善脑功能的薄弱环节，而不是教给学生弥补这些功能缺陷的策略，阿罗史密斯课程就是基于这样的信念组织的。

阿罗史密斯－扬声称，该课程的基础是神经科学研究，而不是教育研究。课程的潜在参与者将接受长程评估。通常情况下，潜在学生的父母已经尝试过其他方法来帮助孩子发展，但收效甚微，因此很多父母将孩子取得的明显进步归因于阿罗史密斯课程。阿罗史密斯－扬（Arrowsmith-Young，2012）在《改变脑的女人》（*The Woman Who Changed Her Brain*）一书中描述了该课程在儿童和成人中的一系列成功案例。她的一些批评者指出，这些描述是有选择性的，它们读起来像是轶事，书中回避了该课程没有产生明显效果的情况，并且阿罗史密斯－扬自己从未通过学术出版物来证明该课程的有效性，自 1997 年就开始发布的《阿罗史密斯研究报告倡议》（Arrowsmith Research Reports Initiative）也没能证实课程的有效性。arrowsmith.org 网站上列出了一份横跨 20 年的研究项目清单，这些项目研究了该课程的各个方面，网站上有对每个项目及其发现的简要说明。其中很多说明都不足以让人信服。胡顿（Hooton，2017）报道了澳大利亚查尔斯·斯图特大学（Charles Sturt University）心理学院院长、临床心理学家及神经心理学家蒂姆·汉南博士（Tim Hannan）的评论："35 年后，仍然没有一项采用严格实验设计的临床对照试验发表在同行评审的学术期 153
刊上来证实阿罗史密斯课程的有效性。"胡顿还引用了其他怀疑论者的观点，他们认为很难确定是该课程带来了改变，父母在这个课程上花了大把的钱，因此他们把所有的积极结果都归因于这个课程，实际上有些孩子是由于环境发生了变化，或者觉得自己得到了"特殊"照顾而产生了积极效果，这本质上是一种霍桑效应（Hawthorne Effect）。同样，也没有确凿证据表明阿罗史密斯课程中广泛使用的电脑"智力游戏"具有积极效果，我们在第 4 章中已经提到过这一点。

诺曼·多伊奇指出："每一个成年人都可以从基于脑的认知评估（认知功能测试）中受益，这可以帮助他们更好地了解自己的脑。"（Doidge，2007，p. 43）尽管多伊奇很支持阿罗史密斯－扬的工作，但是他并没有指出每个成年人都能从阿罗史密斯课程中受益。阿罗史密斯－扬自己也没有说过这样的话。例如，她把注意缺陷多动障碍等注意力方面的问题分为四类。如果注意力的困难是情绪问题或大脑皮质以下的中脑或后脑结构损伤造成的，那么这个课程就无法发挥作用；如果这些问题是由一些脑“回路”功能障碍导致的认知缺陷引起的，或者由右侧前额叶皮质功能障碍引发，那么这个课程就能够产生效果。当罗森茨威格开始证明可以针对老鼠的特定脑区进行干预时，阿罗史密斯－扬受到了鼓舞。越来越多的神经科学证据表明，一些功能障碍与特定的脑区有关。例如，我们在第 1 章提到过，阿吉里斯等人（Argyris et al., 2007）探索了语言要素（如隐喻）加工对应的特定脑区，而岑等人（Shum et al., 2013）发现了对数字的视觉识别对应的特定脑区。

不是每个阿罗史密斯中心都提供该课程的所有要素，表 8.1 列举了该课程定义的 19 种认知缺陷，缺陷的特征，阿罗史密斯－扬根据鲁利亚书中的内容提出的各种缺陷相关脑区，以及部分相关干预的简介。

154 **表 8.1　阿罗史密斯课程及其目标脑区（Arrowsmith-Young, 2012）**

| 缺陷 | 特征 | 脑区 | 阿罗史密斯干预方法 |
|---|---|---|---|
| 肌肉运动符号加工 | 阅读、写作、口语困难 | 左半球前运动区 | 眼球追踪练习，书写符号序列 |
| 符号关系 | 难以理解事物之间的关系（可以跟随一个动作程序，但不能理解为什么要执行该程序），持续地不确定地反转字母 | 左半球枕－顶－颞叶区交界处 | — |
| 对信息或指令的记忆 | 记忆困难，跟不上对话 | 左侧颞区 | 重复听歌曲，记忆由简至繁的歌词 |
| 思维－语言转换 | 不能将思想转换为语言或使用语言进行思考 | 确切位置尚不清楚 | 倾听和重复由简至繁的正确言语 |
| 布洛卡言语发音 | 读出字母困难，发音不稳定，第二语言学习困难 | 左侧额叶，布洛卡语言区 | 倾听、重复和记忆由简至繁的声音（音素） |
| 听觉言语辨别 | 混淆发音相似的词（不仅仅因为听力障碍） | 颞上区 | 倾听和识别陌生语言中的语音 |

续表

| 缺陷 | 特征 | 脑区 | 阿罗史密斯干预方法 |
| --- | --- | --- | --- |
| 符号思维 | 规划和组织存在困难 | 左侧前额叶 | “从秕糠中分离出小麦”，学习对重要和不重要的事物进行分类 |
| 符号识别 | 在记住书面文字、学习阅读上存在困难 | 左侧枕颞区 | 学习不熟悉的语言中的字母形状 |
| 词汇记忆 | 在记住单词，特别是事物的名称上存在困难 | 左侧颞区 | — |
| 动觉 | 身体空间感知困难，笨拙 | 躯体感觉皮质，初级运动皮质 | 闭着眼睛练习动作 |
| 动觉言语 | 在唇、舌、口的控制和反馈方面存在困难 | 躯体感觉皮质，初级运动皮质 | 练习绕口令 |
| 人造思维（artifactual thinking）或非言语思维 | 在理解非言语线索、理解自己和他人的情绪、冲动控制方面存在困难 | 右侧前额叶 | 阅读图画故事书（叙事艺术） |
| 窄化的视觉广度 | 把书面文字当作一个完整的单词，读起来很累 | 枕叶 | — |
| 客体识别 | 在记住视觉细节，包括面孔方面存在困难 | 枕叶、梭状回、颞叶和躯体感觉区联结成的网络 | 从图片集里记住并选出特定的图像，提升敏锐度 |
| 空间推理 | 在寻找路线、从不同方向想象地图、视觉化记忆、在脑海里重新排列事物方面存在困难 | 右侧顶叶、后海马（空间记忆） | 路径追踪练习 |
| 对机械的推理 | 在想象机器如何工作、零部件如何组合在一起、使用手持工具方面存在困难 | — | — |
| 抽象推理 | 在顺序、逻辑、非语言指令方面存在困难 | 右半球 | — |
| 初级运动 | 在速度、力量和运动控制方面存在困难 | 初级运动带 | — |
| 辅助运动 / 数量化 | 在心算方面存在困难 | 顶叶区域 | 重复的、循序渐进的心理计算 |

155 阿罗史密斯－扬指出，我们的行为和困难受多种因素的影响，上表无法列出所有与脑相关的影响因素，但她提倡将这些作为“关键因素”（Arrowsmith-Young，2012，p. 223）。

相应的练习以电脑程序、书写活动和听觉活动的形式出现。电脑程序旨在提高推理能力、理解能力、阅读能力、计算能力和视觉记忆。听觉练习锻炼听觉记忆、说、写和工作记忆，书写活动锻炼肢体的机械活动能力、组织能力、高阶思维和非语言交流能力。一些练习与其他练习一起进行，例如与阅读相关的各种练习。常见的练习包括：与课程密切相关的复杂的钟面（clock face）练习，对不熟悉语言中的字母形状的临摹（以提升
156 书写控制和视觉观察水平，同时避免因母语书写能力差而产生的羞耻感），以及对眼罩的使用（以支持枕叶两侧的活动）。阿罗史密斯学校取消了大量的课程，从而保证学员每天能够集中精力练习几个小时。阿罗史密斯－扬认为，学员们可以在日后跟上这些被取消的课程，学习技能的提高会让他们更容易掌握这些课程。

目前很难对阿罗史密斯的实验做出总结性的评价。阿罗史密斯－扬一直对鲁利亚的认知功能脑图谱以及她自己设计的干预练习充满信心。她所做的工作提出了一个有关教育学发展的重要问题，即我们如何在自己的教室里开展教学方法实验。无论如何，阿罗史密斯－扬在教育神经科学的发展历程中做出了独特的贡献。

**总结·练习·思考**

- 就你目前的身份而言，完整阅读格兰丁的书能否让你有更多收获？
- 在你和你的同事如何对待自闭症学生及其同伴方面，格兰丁详细描述的观点和经历对你们有何启示？
- 你所在的学校是否出现过神经多样性的争论？你认为应该出现这种争论吗？
- 了解学生的困难所对应的脑区有用吗？
- 在你自己的教学中，有没有任何与阿罗史密斯练习相关的干预或任务？

## 术语表

**神经可塑性**（neuroplasticity；见第 2 章）：脑不断建立新联结并重组现有联结的能力。

## 参考文献 157


Almanza, M. (2016) Temple Grandin's squeeze machine as prosthesis. *Journal of Modern Literature* 39(4): 162–175.

Argyris, K., Stringaris, N. C., Medford, V., Giampietro, M. J., Brammer, M. and David, A. S. (2007) Deriving meaning: Distinct neuronal mechanisms for metaphoric, literal and non-meaningful sentences. *Brain and Language* 100(2): 150–162.

Arrowsmith-Young, B. (2012) *The Woman Who Changed Her Brain*. London: Square Peg.

Bergenmar, J., Rosqvist, H. B. and Lönngren, A. -S. (2015) Autism and the Question of the Human. *Literature and Medicine* 33(1): 202–221.

Doidge, N. (2007) *The Brain That Changes Itself*. London: Penguin.

Goodwin, C. A., Hunter, M. A., Bezdek, M. A., Lieberman, G., Elkin-Frankston, S., Romero, V. L., Witkiewitz, K., Clark, V. P. and Schmacher, E. H. (2017) Functional connectivity within and between intrinsic brain networks correlates with trait mind wandering. *Neuropsychologica* 103: 140–153.

Grandin, T. (1996) *Thinking in Pictures: My Life with Autism*. London: Vintage Press.

Grandin, T. and Attwood, T. (2012) *Different...Not Less*. Arlington, VA: Future Horizons.

Grandin, T. and Johnson, C. (2004) *Animals in Translation*. New York:

Scribner.

Grandin, T. and Moore, D. (2015) *The Loving Push*. Arlington, VA: Future Horizons.

Grandin, T. and Panek, R. (2014) *The Autistic Brain*. London: Rider Books.

Grandin, T. and Scariano, M. M. (1986) *Emergence: Labelled Autistic*. New York: Grand Central Publishing.

Hooton, A. (2017) Can Barbara-Arrowsmith Young's cognitive exercises change your brain? *The Sydney Morning Herald*, 22.4.17.

Jaarsma, P. and Welin, S. (2012) Autism as a natural human variation: Reflections on the claims of the neurodiversity movement. *Health Care Analysis* 20(1): 20–30.

Luria, A. R. (1972) *The Man with a Shattered World*. Cambridge, MA: Harvard University Press.

Rosenzweig, D., Krech, D., Bennet, E. L. and Diamond, M. C. (1962) Effects of environmental complexity and training on brain chemistry and anatomy: A replication and extension. *Journal of Comparative and Physiological Psychology* 55(4): 429–437.

Shum, J., Hermes, D., Foster, B. L., Dastjerdi, M., Rangarajan, V., Winawer, J., Miller, K. J. and Parvizi, J. (2013) A brain area for visual numerals. *Journal of Neuroscience* 33(16): 6709–6715.

# 第9章

# 技能、学习需要与脑

在本章我们将：

- 选择与技能发展和学习困难相关的领域
- 探索神经科学对这些领域的启示

159 正如本章提要第一点所指出的，本章内容不可避免地具有选择性。本章的每个部分都值得用一整本书来探讨，而我的目的是让大家关注这些领域，以及这些领域中可能对教与学产生影响的重要的神经科学发现。当然，这些只是我个人研究教育神经科学以来发现的重要议题。其中一些领域已经具有明确的课堂启示，而另一些领域的启示则不太明显。许多忙碌的教师很可能倾向于忽略后者，直到有更具体和实用的信息出现。然而，如果教师行业要在教育神经科学方向上发挥应有的作用，那就需要教育工作者尽早地参与进来。不可否认教师面临着日常压力，在这里我们无法解决。但从某种程度上说，教师有必要跟进教育神经科学研究进展，从而扩展自身的专业前景，并与神经科学家展开对话，将神经科学以及合作研究的成果谨慎地引入课堂。

这一章的内容建构在“技能”这一大标题下，我认为这里没有必要详细讨论技能的定义，它已为我们当前的探讨提供了一个适当的范围。作为读者你不可避免地会被吸引到与自己当前工作最相关的话题上，但我鼓励你探索所有话题，并在合适的时机让相关的同事也关注这些话题。

## 技能

### 阅读

我们从阅读开始，因为阅读是学习的基本组成部分。霍华德 · 加德纳的多元智力理论（Gardner，1983）影响甚广，然而加德纳承认，尽管他努力“推广”其他的智力概念，但使用口头和书面语的**言语智力**（linguistic intelligence，在加德纳的多元智力中排在第一位）一直被看作取得学业成就的最重要的智力。

在没有神经影像学的多年以前，布洛卡（P. Broca）、威尔尼克（C. Wernicke）、利希海姆（L. Lichtheim）和德热里纳（J. Dejerine）等人的研
160 究极大地帮助了我们从脑活动的角度理解语言习得和阅读，并孕育出关于

这些技能发展受阻的原因的假设。其中大部分发现是通过观察和推理得到的，当时直接检查人脑的唯一途径是尸检。尽管如此，他们的研究工作依然为后来先进技术的发展奠定了基础，并提供了许多研究起点。

和学习的所有其他方面一样，关于我们如何学习阅读和成为更熟练的阅读者，神经科学为我们提供了越来越多的重要观点，但它更应该被视为一个强大的证据来源，而不是一站式的信息库和解决方案。神经科学无疑促进了我们的理解，然而，从理解阅读时人脑中发生的活动，到利用这些知识设计干预方案来帮助阅读困难者，这是一个巨大的飞跃。目前这项工作正在进行之中。正如我们在第 1 章看到的，神经科学的研究也在不断地发现自身面临的挑战，不同的研究方法、测量方式、取样群体等都会带来相互矛盾的结果。

但我们有理由认为，神经成像技术的确支持有关阅读学习的**双通道**模型和**三角**模型的组成成分。这两种模型都假设阅读是综合了字形（印刷体）和声音（语音）理解，再加上语义（关于词汇的先前知识）理解的过程。两种模型的关键区别在于，三角模型认为几种加工过程是同时进行的。神经成像技术已经能够识别参与这些加工过程的脑区，以及这个神经网络的组成部分是如何随时间变化的。就阅读障碍而言，神经成像技术进一步揭示了与正常阅读者相比，阅读障碍者的脑活动所欠缺的部分。

神经成像技术已证明，对于初学阅读者来说，进行字形和语音处理的关键脑区最为活跃，尤其是有充分的证据表明，随着其他脑区的重要性的增加，这些脑区的参与程度有所下降，这些结果支持在阅读学习的早期阶段使用拼读法。在英语以外的其他语言研究中也有类似发现。弗恩－波拉克和马斯特森（Fern-Pollak & Masterson，2014，pp. 180−184）用通俗 161
易懂的语言介绍了阅读的关键脑区、连接这些脑区的重要白质，以及采用其他语言的一些重要研究。

基于互动和交流在早期发展中具有重要作用的观点，赛金等人（Saygin et al.，2016）对儿童在学习阅读之前的脑结构的联结性（connectivity）进行了有趣的研究。他们发现，被称为视觉词形区（visual word form area，VWFA）的脑区在开始学习阅读和承担视觉词形区的功能之前，就已经与其他脑区产生了联结。这个区域最终负责识别字母串，在此之前，它似乎在客体识别中发挥着作用。以往研究已经在成人中确定了这一脑区的联结性，并认为其联结性是阅读的结果，但赛金等人的发现表明这种联结始于更早的阶段。赛金指出采用成像技术可以帮助我们识别具有潜在阅读困难的儿童。如何降低这种方法的成本，提高其适用性是另外一个问题。

迪昂和迪昂－兰贝茨（Dehaene & Dehaene-Lambertz，2016）在同一期刊上发表文章，为赛金及其同事的研究提供了进一步的背景介绍，并对其进行了评论。迪昂和迪昂－兰贝茨进一步证明在前单词识别状态，视觉词形区已经与涉及口语的脑区相连接。迪昂对阅读与脑的研究非常深入，值得进一步探索。

尽管对于许多幸运的普通阅读者来说，阅读似乎是一项简单轻松的事情，但神经成像技术已经提供了进一步的证据，表明阅读是一项困难而复杂的技能。教育工作者与神经科学家之间的合作有可能将这些复杂的知识转化为有效指导阅读学习的教学和干预方案，尽管这是一个缓慢的过程。除了阅读障碍以外，下面我们还会谈及神经科学所揭示的阻碍阅读发展的其他问题。

## 计算和数学

与阅读一样，神经科学在寻找理解数量和数学的关键脑区方面取得了
162 巨大进展。人脑对数量和数学的加工与阅读一样复杂，其中部分是因为我们运用数量的方式多种多样，而且我们可以看到，数学加工涉及至少包含 10 个脑区的神经网络。如果我们把这些脑区之间的联结考虑在内，那么很容易想象可能出现问题的空间有多大。另外，成人用于加工数量的主要脑区在童年时期就存在与**数感**有关的活动，这似乎是数学与阅读的另一个相似之处。伊泽德等人（Izard et al.，2008）已经发现 3 个月大的婴儿的脑对物体数量变化的反应。他们观察到婴儿脑对物体变化的反应是不同

的，因而排除了他们所观察到的活动是对一般变化的反应的可能性。这种活动出现在右侧顶叶。进一步的研究表明，这一脑区持续在算术加工中发挥重要作用，并最终与其他脑区（如左侧顶叶）一起工作，从而将算术与其他功能（如语言）联系在一起。

这对数学教育意味着什么呢？它可以被简单地解释为对我们具备数学理解的内在潜力的证明。这就引出一个问题：为什么数学自信心和数学能力存在这样大的个体差异？巴特沃思和瓦尔马（Butterworth & Varma，2013）指出，除了脑的解剖结构外，还有许多因素可能造成这种差异。泽维尔·塞龙（Xavier Seron）在自己出版的一本书中努力探索了这些发现对数学教育的启示，并发出“顶叶定位：那又怎样？”（A parietal localization: so what?）的疑问（Seron，2012，p. 94）。他对基于神经科学的发现进行教学方法的重大改革秉持高度谨慎的态度，尽管他并不否认未来的实证证据可能产生这样的影响。他对数量与顶叶涉及的其他功能（例如其他认知功能以及手部动作）之间的关系更感兴趣。正如很多人意识到的那样，数量与我们的手之间存在一种“特殊的联系”，这种联系不仅仅体现在幼年时期。塞龙想要强调数学能力的发展不仅仅是一个生物学的过程，这一点对学习的各个领域都成立。

在历史悠久的数学教育研究期刊 *ZDM* 出版的“认知神经科学与数学”
专刊中，安萨里和莱昂斯（Ansari & Lyons，2016）讨论了数学与脑科学 163
领域的问题取得的进展，其中包括塞龙提出的问题。他们指出，关于数学学习的神经科学研究在研究数量、聚焦数学能力的程度以及参与研究的国家数量上都有显著的增加，但是仍然存在两个关键问题。首先，大多数研究的被试都是成年人。其次，许多研究都是在实验室进行的，其结果“不能反映学生置身于数学课堂中时头脑里发生的活动”（p. 379）。我们已经说过，生态效度问题并不是与算术或数学有关的神经科学研究所独有的。另外，安萨里和莱昂斯还提出了第三个问题：即使两种数据出自同一个研究，神经科学数据与行为数据之间仍旧缺乏联系。他们建议，解决这些问题的关键是从教育场景中提出研究问题，关于这一点，我们在前几章均有涉及。

展望未来，安萨里和莱昂斯指出该领域缺乏两种研究：运用神经成像技术进行数学教育干预分析的研究，以及检验神经成像技术在研究个体差异性包括预测个体潜在困难方面的有效性的研究。他们指出，前一种研究在阅读研究领域已经广泛地存在，其研究数量大大超过数学研究领域。关于后一种研究，如**脑电图**和**近红外光谱**等神经成像方法使得这种类型的筛选在经济上现实可行。安萨里和莱昂斯在保持乐观的同时也意识到，取得进展需要数年时间，并有赖于教育工作者与神经科学家之间的积极的跨学科合作。洛伊等人（Looi et al., 2016）得出了类似的结论，同时还对计算（numeracy）、算术（arithmetic）和数学（mathematics）等不同概念的发展阶段进行了细致的回顾。

## 创造力

大量的神经科学研究探索了与个体艺术相关的脑功能，尤其是音乐和视觉艺术，这里我们将重点放在神经科学为我们理解广义的创造力所提供的启示上。

164 在操作性定义方面，我认为创造力是一个内涵宽泛的术语。我的观点大致建立在安娜 · 克拉夫特（Anna Craft）的“大 C”和“小 C”创造力概念的基础上，前者指的是（在任何领域）重大的创造性成就，后者指的是在日常生活中应对日常挑战和问题的创造能力。想要探索定义问题的读者可能会对伦科和耶热的书（Runco & Jaeger，2012）感兴趣，该书探讨了围绕原创性和有效性展开的长期争论。神经科学研究必须聚焦在某种创造性行为上，很多情况下这些行为都具有与艺术相关的特性。但我想强调的是，创造力对于人类奋斗的所有领域都具有重要意义。

丹麦的一项研究（Onarheim & Friis-Olivarius，2013）探讨了对创造过程的理解对个体创造力的意义。该研究的结论是，这样的理解对个体的创造力（通过发散性思维来衡量）具有积极影响。他们还指出，对创造力最好的解释是基于神经科学的解释。奥纳海姆和弗里斯 – 奥利瓦里厄斯

（Onarheim & Friis-Olivarius，2013）进一步假设，这种理解的积极影响部分是因为它挑战了个体的既往观点——被试开始发现，没有理由认为自己的脑在进行创造性思维及活动方面不如其他人。

那么，神经科学对创造力的解释到底是什么呢？尽管研究越来越多，关于创造力的神经科学也被视为神经科学研究的有效领域，但目前还没有一个关于创造力的公认的解释（Vartanian et al.，2013）。一个重要的基本观点是创造力具有进化本质，因为有证据表明，人类具有无止境的好奇心和对新奇事物的渴望，以及由此探索环境的天性。在脑活动层面，一种解释是心理合成理论（mental synthesis theory）。

心理合成理论描述了我们从记忆中提取不相关的元素，然后将它们组合成我们从未见过的事物的能力。例如，在我的要求下，你可以在脑海里想象一只长颈鹿和一碗冰淇淋。对于冰淇淋会如何出现，你可能已经开始有一些创造性的联想了，但心理合成有趣的地方在于，我可以让你想象长
颈鹿吃冰淇淋，或者想象将冰淇淋放在长颈鹿的头上并保持平衡，而你也 165
能够做到这一点（只要你不是极少数不具有形象思维的人）。神经元群共同协作，带着你的头脑中能让你回忆起长颈鹿和冰淇淋模样的所有线索，从脑的一个区域被提取出来，进入前额叶区域，在那里它们被合成为新的图像。

你可能已经注意到我让你想象的图像组合有点不现实。这种关联的缺乏似乎在激发创造性思维方面发挥了作用。霍华德－琼斯（Howard-Jones，2010）进行了一个有趣的实验，要求被试根据三个词创作出 20 秒长的故事。独立评委发现，当给定的三个词不相关时被试创作的故事更有创意。此外，功能性磁共振成像显示，无关的单词会激活前额叶的其他脑区（如右内侧回），这在其他研究中也有发现。

进一步的解释基于的是两个脑网络之间相互作用的概念，即默认模式网络（default mode network，DMN）和执行控制网络（executive control network，EN）。德皮萨皮亚等人（De Pisapia et al.，2016）认为执行控制网络包括前额叶的多个区域，默认模式网络则包括前额叶的另一个区域

（内侧前额叶）、后扣带回、楔前叶和双侧颞顶联合区。尽管默认模式网络负责的思维更具有随机性和自发性，执行控制网络负责的思维更具有评估性和选择性，但两个脑区协作就能产生想法，并评估该想法对当前问题的适用性。德皮萨皮亚等人发现，这两个区域之间的联结性在“静息状态”和创造性活动的过程中是不同的。他们还发现位于右下前额叶（一个负责抑制控制的区域）的执行控制网络的联结性降低，他们认为这种联结性的降低符合为了尝试创造性想法而减少抑制的需要。对音乐即兴创作的研究也得出了类似结论。

减少抑制从而促进创造性思维发展的观点与雷克斯·荣格（Rex Jung）提出的创造性思维的爆发需要“放空头脑”（downtime，或者其他人所说的“做白日梦”）的观点是一致的。赫布（D. O. Hebb）理论中的观点
166 （“一起放电的神经元连在一起”）也强调，运用创造性思维的机会增加了相关脑区之间的髓鞘化，因而是促进儿童脑发育的重要因素。在英国，关于这种创造性的机会应该被安置在学校课程的什么位置一直存在争议，而在英格兰，由于各种原因（这里我们不去探讨这些原因），艺术类课程得不到充分的支持。威尔士课程改革的开拓性工作于 2019 年 4 月完成，并将从 2022 年开始在所有学校推行。这项计划包含了与威尔士艺术委员会（Arts Council in Wales）的合作，因此创作者和创意从业者可以共同参与学校的课程设计和教学，以便将创造性和综合性的教学方法融入课程的不同领域。

神经科学与创造力领域的研究者面临许多挑战，亚伯拉罕（Abraham，2013）在她的文章《创造力神经科学的希望与风险》（The Promises and Perils of the Neuroscience of Creativity）中探讨了其中的一些挑战。她呼吁该领域的研究者之间进行更多的合作，并认为研究需要更清楚地揭示创造性思维与一般思维的不同之处，这两点都在逐步实现中。尽管创造力很复杂，但它似乎对教育有一些重要意义。

## 习惯的形成

首先对本节内容进行简要说明。很多学校的运作方式仍然基于行为主义，利用奖励和惩罚［学校常用的说法，而不是贿赂和制裁，科恩（Kohn，1999）更喜欢采用后一种说法］来塑造学校所期待的行为和学习习惯。教育心理学家麦克莱恩（McLean，2003，2009）对这种过于简化的理解学生行为和动机的方法提出了质疑，卡罗尔·德韦克（Carol Dweck）关于自我理论和思维模式的著作也进一步提出了行为主义的作用的问题。麦克莱恩一直担心的问题是，在21世纪的学校里，一定有比“胡萝卜加棍棒”更复杂的作用机制。本节将探讨神经科学的发现能否促成关于习惯形成机制的新见解。这是个复杂的问题，特定行为带来相应奖
励或惩罚这样的简单等式显然具有吸引力。我再次指出，尽管没有简单的 167
答案，但是我们的专业让我们有责任去面对这种复杂性。

有关习惯的神经科学研究所关注的脑区不同于我们讨论创造力时提到的脑区。正如阿马娅和史密斯（Amaya & Smith，2018）所解释的：“尽管细节方面仍存在不确定性，但越来越多的证据表明，新皮质和杏仁核在调节与习惯有关的基底神经节库方面发挥了重要作用。”（p. 148）基底神经节实际上是皮质下的一组细胞核，它与皮质区及其他脑区广泛连接，在习惯性行为、学习和决策中起主要作用。纹状体（包括背侧和腹侧）是我们要考虑的一个关键区域，也是基底神经节内最大的区域，它从多个脑区接收信号，但只将这些信号传送到基底神经节的其他部分。这些脑区共同负责行为的发起和抑制。我们知道这些功能涉及的范围很广泛，许多疾病和症状都与基底神经节的功能障碍有关，例如图雷特综合征（Tourette syndrome）、强迫症、成瘾以及帕金森病等与运动相关的疾病。

随着习惯的养成，认知与习惯性反应之间的平衡会发生变化，前者的影响会下降。受理解力的限制，我很好奇当一个习惯尚未稳固或者是不良习惯时，应该如何重新引入认知控制；我也很好奇当一个习惯通过正强化或者负强化建立起来时，不同的基底神经节回路是如何发挥作用的。强迫症属于后一种情况，即一种习惯是为了避免消极的、不愉快的后果而激发

出过度活跃的欲望从而建立起来的。基底神经节也参与了对奖赏相关的神经递质（例如多巴胺）的加工。多巴胺在学习中的作用一直是保罗·霍华德－琼斯的主要研究领域。增进对这一点的理解，是否有助于我们理解奖励如何在学校起作用（或不起作用）这一更为复杂的概念？当然还有比刺激和奖励的基本概念更深刻的东西："我们最好将习惯的脑机制看作心理－行为整体技能的组成部分，而不是从是否服务于一个简单的 S-R 关联的角度去探讨它。"（Amaya & Smith，2018，p. 149）阿马娅和史密斯还指出：

> 168 令人惊讶的是，像"习惯"这样直觉上非常简单的东西，采用科学方法进行探索时却表现出如此显著的复杂性。最近的行为神经科学研究表明，习惯可能以不同的强度出现并与其他策略竞争对行为的控制权，当习惯出现时，行为在一定程度上受到即时控制，习惯还会协调发生在不同时间段以及不同神经回路中的神经活动的变化。（p. 152）

你们将会意识到，我在这一节中提出了值得进一步探索的主题：关于习惯的已经比较丰富的心理学解释、教师的日常知识，以及神经科学对习惯的探索三者的交互作用或许会是一个强有力的、有启发作用的结合。学校提供时间和机会促进这种协同增效作用的实现，可能是学校在帮助学生建立良好的习惯和行为方面取得进展的一条重要途径。在我看来，这将比英格兰 2017—2018 学年初声名狼藉的严苛校规更受欢迎，也更有效力。

## 注意

约翰·梅迪纳的畅销书《脑规则》（*Brain Rules*）中的第 4 条规则是"我们不会注意无聊的事物"（Medina，2008）。问题在于，对某些人来说无聊的事物对另一些人来说却有着无穷的吸引力，但公平地说，大多数教师都认识到，在某些情况下，整个班级或个别学生的问题至少部分是无聊引起的。越来越多的人也认识到，过于简单的任务无法吸引足够的注意。那么接下来的问题就是：“是兴趣引起注意，还是注意引起兴趣，或者两者兼而有之？”大多数教师都听说过很多关于学生的注意力持续时间的说法，一般认为持续时间的变化范围为 20 秒到 20 分钟。在本节中，我们将综述有关注意的主要理论、21 世纪学生面临的注意方面的挑战，以及神经科学对我们理解课堂学习中的注意这一重要问题提供的启示。包括丹尼尔·威林厄姆的《认知》（*Cognition*）在内的大多数心理学书籍都提到了注意的两个看似矛盾的定义：一个是大众熟知（或他们认为自己熟知）的威廉·詹姆斯的注意定义；另一个是帕什勒（H. Pashler）的观点，即没有人知道注意是什么，甚至连它本身是否存在也是个问题。就本书的目的而 169
言，在教学情境下我们很容易达成共识，对我们来说注意是关于从学生那里获得广泛的、积极的、配合的专注的问题，专注的对象是教学和学习情境的主要内容，因此我们不必为注意是否存在的哲学问题而烦恼。或许我们真正感兴趣的是注意看起来不存在的情况。

对注意的神经科学研究以波斯纳（M. I. Posner）在 20 世纪 80 年代的理论研究以及他在 20 世纪 90 年代与彼得森（S. E. Peterson）的合作研究为基础。即使不涉及脑，波斯纳提出的原则也从教师角度勾勒出了一个关于注意的实用框架。首先，波斯纳描述了注意的两种基本类型：**内源性**（endogenous）注意和**外源性**（exogenous）注意。内源性注意有一个内在的来源，即个体选择集中注意来实现某个目标，而外源性注意是由外部刺激引发的注意。其次，波斯纳指出，内源性注意是一种**自上而下**的注意形式，即脑的上部（包括与执行功能有关的脑区）是主要的操盘手，而外源性注意则是**自下而上**的，即起主要作用的是功能更简单的脑区，例如对突然发出的噪音做出反应的脑区。所有教师都知道，课堂上经常存在的一个挑战是如何应对这两种注意之间的交互作用。

詹姆斯·祖尔（Zull，2011）根据边缘系统中杏仁核的作用，采用基本的脑的术语来解释这一现象。他把杏仁核描述为一个交换站。在接收到丘脑的感觉信息后，杏仁核可能通过“低通路”将信息发送到脑干，在这里为具有进化特征的“战斗或逃跑”等反应做准备，也可能通过“高通路”将信息发送到能够做出更加理性的反应的脑区。在两条通路中，“低通路”更短也更快。这对我们的课堂提出了一个重要问题：什么时候挑战会被视为威胁，从而引发“低通路”反应？我希望你能将这一点与阿兰·麦克莱恩（McLean，2009）的担心联系起来，即我们往往意识不到儿童的行为背后存在某种动机，这种动机并不总是单纯地想要扰乱课堂或惹恼老师，尽管这些往往是结果的一部分。这么说并不是建议我们原谅或接受不恰当的行为。

170 波斯纳还描述了注意的三级过程：**定向**（orienting）、**检测**（detecting）和**提醒**（alerting）。首先是对感觉“事件”进行定向，接着在警觉状态下对有意识加工发出检测信号。感觉信息按重要性排序，因为感觉信息在不断地输入，其数量远远超过我们能够有意识处理的范围。在这个过程中让我们保持警觉状态的是执行功能，我们将在后面讨论它。课堂上的注意力中断通常是由不受欢迎的干扰引起的，这个过程还涉及另一个脑区——颞顶联合区。因此，在有干扰的情况下把注意放到指定的地方似乎对神经资源提出了更高的要求。值得一提的是，正如第 4 章所讨论的，我们无法专注于多个任务或要求，尤其是当其中一个或多个任务对我们来说具有挑战性时。我们或学生可能认为自己具有同时处理多任务的能力，但实际上我们只是能够在不同任务之间快速切换。切换任务需要重新集中注意，这需要耗费时间和精力。

三宅等人（Miyake et al., 2000）提出对维持课堂中的注意起到关键作用的三个执行功能成分。它们是**工作记忆**、**抑制控制**和**切换**（或转移）。在课堂中，这些成分分别表现为为了理解概念和任务而保存信息的能力、阻止自己对干扰做出反应的能力，以及在不同要求之间切换的能力。例如，听完口头解释后立即阅读其书面版本或观看其视频版本，或根据解释开始执行任务。如果你读了本书的第 6 章，或者其他有关前额叶皮质的成熟及其对执行功能的影响的讨论，你可能会得出这样的结论：如果上述成分是维持课堂上注意的关键要素，那么所有希望就都破灭了。但实际上有充分的证据表明，总体上这些成分从婴儿期开始就可以被识别，从 7 岁左右就能被单独地识别。因此，我们可以期待在前额叶皮质成熟的过程中这些成分对应的能力逐渐提高。

当面对容易分心的学生时，上面描述的第二个成分——抑制控制——显得特别重要。在抑制中起作用的是一个广泛的脑网络。柯蒂斯等人
（Curtis et al., 2005）认为这个网络包括背外侧（上部、侧面）前额叶皮质、 171
额下回、前扣带回皮质、后顶叶皮质、纹状体和小脑。如何提高抑制控制能力？如果单独训练，训练效果能迁移吗？如果让我们的学生意识到这一成分（以及其他成分），并认识到这些成分在学校以外的情境中也是必不可少的，将这些成分提升到有意识的水平，是否会对至少一部分学生产生积极影响？再次强调，我们还有更多的问题，但这些问题首先要在不会造成伤害的基础上来探讨。

事实上，一些学校已经通过最近在校园流行的**正念**（mindfulness）干预方案进行了这样的探索（一些学校对这种干预方案的目标有着略微不同的认识，这些学校将正念干预与心理健康和元认知联系在一起）。一些研究结果已证实正念能够影响注意技能，其基本前提与上面提到的抑制控制有关。冥想状态和特质一直被视为注意和意识的神经科学研究的一个重要领域（Raffone & Srinivasan，2010）。正念的目的之一是发展心理自我调节的能力，尤其是使注意摆脱干扰源困扰（即让注意离开呼吸感受一类的简单焦点的想法）的能力。

神经科学从两个方面研究冥想：一是冥想**状态**（state），即冥想时的脑活动；二是冥想**特质**（trait），即冥想对脑的长期影响。许多研究表明，定期冥想可以增强持续性注意，减少注意分散。然而，训练效果仍然存在可迁移的问题。在一项研究（Brefczynski-Lewis et al., 2007）中，经常冥想的人在接受功能性磁共振成像扫描时表现出更强的忽略听觉刺激的能力，证据是冥想者与非冥想者在相关脑区的激活情况不同。尽管这听起来令人振奋，但实验环境不同于繁忙的教室。我们还应该注意到，对于一些学生来说，这个问题可能与他们的抑制控制能力无关，而更多与其同伴行

为的影响有关，正如我们在第 6 章中所讨论的。在这种情况下，有人可能
172 会认为，冥想或正念对自我调节能力的正面影响有可能提高个体对这种同伴影响的敏感性。

正如教师们从近年来众多的干预方案中看到的，大量有关正念的资源和培训进入了学校市场。和其他干预方案一样，正念方案的质量同样参差不齐，不仅如此，有时想把正念方案带到生活中的教师并没有完全理解其内涵。如果我们看到教师们已经超负荷的工作日程，以及投入时间精力取得的效果无法长期保持的情况，那么就很容易理解人们对正念方案怀疑态度的迅速滋生了。我能想象当我打字时一些读者脑子里出现的案例。然而，有些干预方案是有价值的，值得长期实施。有证据表明正念就属于这一类干预方案。**学校正念项目**（Mindfulness in Schools Project，MiSP）的项目简介指出，它是一项非营利性的“慈善事业，旨在为针对年轻人及其监护人的非宗教性质的正念教学提供信息、机会、培训和支持”(mindfulnessinschools.org)。这个项目已经运行了十多年。它既提供免费资源，也提供付费的进一步的培训资源。它的网站提供了一个证据库，其中包括有关成人和儿童的一般正念研究，以及对学校正念项目（例如 .b 课程、Paws .b 课程和 Foundations .b 课程）的评估研究。该网站上的说明谨慎平实，没有类似商业竞争对手的宣传中不时出现的夸张、可疑的说法。已发表的关于学校正念项目的论文被概括为“表明这些项目是令人满意的，它们具有提高心理健康和注意水平的潜力”(mindfulnessinschools.org/research)。

一项针对小学阶段的 Paws .b 课程的评估研究发表在《教育与儿童心理学》（*Educational and Child Psychology*）杂志上。根据随机对照试验，托马斯和阿特金森（Thomas & Atkinson，2016）得出结论：

> 有几项研究提供了有关 Paws .b 对大部分小学阶段儿童的注意功能具有积极影响的初步证据。注意检查表（Attention Checklist）和命名与抑制总错误任务（Naming and Inhibition Total Errors Tasks）的测

> 量结果表明，Paws .b 对实验组小学生的注意功能有显著的积极影响，包括即时的和持续的影响。（p. 58）

托马斯和阿特金森还发现，在 14 周后进行的追踪测试中，这些积 173
极影响依然显著。

在我撰写本书时，学校正念项目正在等待由 MYRIAD[①] 项目资助的正念研究的结果，该项目针对的是另一个重要的年龄群体。这项研究由牛津大学的一个研究小组领导，合作研究单位包括剑桥大学认知与脑科学团队、伦敦大学学院、伦敦国王学院、埃克塞特大学（University of Exeter）和维康信托基金会。学校正念项目预期该研究将进一步证明“ .b 课程对青少年的心理、神经、行为和学业都有积极影响”(www.mindfulnessinschools.org/research)。

## 有关上述技能的特殊问题

除了研究上述五种技能是如何发展和提高的，神经科学也热衷于探索当这些技能没有如预期一样发展时意味着什么：已有大量关于阅读障碍、计算障碍、注意缺陷多动障碍和孤独症谱系障碍的研究。正如本章其他部分的内容一样，这些主题每一个都值得用一整本书来探讨。以下是对一些重要发现和研究者的简要概述。

谢维茨（B. A. Shaywitz）及其团队的工作有助于我们探讨有关阅读障碍的神经科学研究。谢维茨（Shaywitz et al., 2007）已经证明，正常阅读者的脑活动会随着成长而变化，尤其是，在学习阅读早期阶段非常活跃的一些区域的活动会逐渐减少，其他脑区逐渐发挥主导作用，然而阅读障碍者没有发生这种变化。谢维茨及其同事还发现阅读障碍者的其他脑区试图

① 全称是 My Resilience in Adolescence，意为“我在青春期的复原力”。——译者注

弥补这一点，以及语音困难在其中的作用。他们还研究了各种矫正方案的
效果。谢维茨团队还强调了不同研究采用的不同方法和样本使研究结果之
174 间无法进行比较的问题，这也是我们在前面讨论过的一个问题。阅读发展
领域已经提出了**神经预测**（neuroprognosis）的概念，即使用神经科学来
预测（本例中的）阅读困难。我们将在第 10 章讨论神经预测。

人们普遍认为阅读障碍和其他阅读方面的困难在一定程度上可以通过使用彩色覆盖物和镜片得到缓解，对这种观点感到好奇的教师一定要读一读里奇（Ritchie et al.，2012）等人对这一领域的综述。他们得出的结论是，真正可以支持有色物品起作用的可靠证据微不足道。

谈到计算方面的困难，已有研究发现，大约有 3%—6% 的儿童患有计算障碍（Seron，2012）。塞龙认为这是神经科学研究中一个充满希望的领域，在神经预测方面也会起到重要作用。神经科学无疑支持以下假设：计算障碍是与涉及数字和算数技能的脑区有关的一种特殊问题，而不仅仅是一般学习能力低下的问题。神经科学为研究已有的和新的有关计算能力发育不良的理论提供了一种新方法，不过塞龙以及巴特沃思和瓦尔马（Butterworth & Varma，2013）都认为，距离神经科学能够提供最有效的教学方法还有一段路要走。巴特沃思和瓦尔马表达了对受神经科学影响的数学游戏的乐观态度，例如《数字竞赛》（*The Number Race*）、《数学图形游戏》（*GraphoGame-Maths*）和《营救计算器》（*Rescue Calcularis*）。

注意缺陷多动障碍，也称为多动障碍（hyperkinetic disorder，HKD），其特点是注意力不集中、多动和冲动，许多教师对此都很熟悉，它明显与我们对注意的讨论有关。全世界有 5%—7% 的儿童受这种疾病的影响。有趣的是，许多教师和社会人士（至少在英国是这样）认为，注意缺陷多动障碍是大脑中化学物质或神经化学物质失衡的结果。使用安非他明［在英国被称为利他林（Ritalin），在美国被称为阿得拉（Adderall）］来控制多巴胺水平的做法可能有助于我们理解为什么会流行这种“化学物质失衡”的说法，然而化学物质失衡只是造成注意缺陷多动障碍的一部分原因。这些药物持续引发争议，许多人担心人们尚不清楚它们对发育中的

脑，尤其是青少年脑的影响。除了多巴胺的水平，人们还担心血清素的水平。非药理学方法的倡导者强调行为疗法、患者及其家属对疾病的了解、 175
运动以及饮食的作用。

瑞士的注意缺陷多动障碍研究所解释说，脑成像研究已经揭示了与注意缺陷多动障碍有关的脑结构异常。包括灰质密度降低、白质异常（尽管不是所有病例都如此）、脑总体积减小、皮质区发育延迟和成人皮质厚度变薄（www.adhd-institute.com）。科尔泰塞等人（Cortese et al.，2012）对55 项有关注意缺陷多动障碍的功能性磁共振成像研究进行了元分析，得出了几项结论。他们指出注意缺陷多动障碍患者的脑活动存在特异性：其额叶区的脑网络激活不足，而视觉区、背侧注意区和默认模式网络存在过度激活。他们推论，这些网络之间的关系也受到了影响。

注意缺陷多动障碍往往存在**共病**（comorbidity），也就是说注意缺陷多动障碍患者经常患有其他疾病。这使诊断变得困难。在学龄期病例中，诊断和评分量表通常与来自疑似患者自己、其父母、护理人员、其他家庭成员和教师的证据一起使用。**心理放射学**（psychoradiology）领域正在探索成像数据在心理健康和神经系统疾病中的应用。在中国的研究发现，通过磁共振成像可以区分注意缺陷多动障碍患者和非患者，准确率超过70%。跟许多研究不同的是，这项研究考察的是处于静息状态的脑，而不是在各种任务状态下注意缺陷多动障碍如何影响脑活动。尽管李飞及其同事认为这种研究范式“在临床环境下很容易实施”（Li et al.，2014，p. 515），但这种方法能否成为一种经济有效的选择还有待进一步考察。其他研究则强调了注意缺陷多动障碍的遗传因素，这些研究提示不同群体中遗传因素的影响程度不同。已有研究已经确定了多种**候选基因**（candidate genes）。学校应该持续关注这些研究的进展。

候选基因的研究还揭示了孤独症谱系障碍中多种潜在的遗传因素，孤独症谱系障碍对本章讨论的多种技能都有显著影响。鉴于遗传力方面的有力证据，研究者对孤独症谱系障碍的遗传基础感兴趣是合乎逻辑的。此
外，遗传学也发现了罕见的作用基因，即在父母双方的体内都不存在的单 176

核苷酸变体（SNVs）。分子层面的因素是多维和复杂的，为了构建出一个模式，需要大量不同的被试。

神经科学已经阐明了孤独症谱系障碍发展的其他方面。正常个体的神经突触在生命最初的一两年中过度生成，之后会通过学习和经验逐渐减少；对自闭症患者而言，似乎在自闭症的特征能够被检测出来之前，上述的突触发展过程就出了问题。具体来说，这个过程的第二阶段没有发生，因此脑的组织受到了影响，经验没有对脑发育起到应有的作用。从这一点来看，发育势必受到阻碍。但我们不认为脑的每个细胞都受到了影响。一些脑区受到的影响更大，例如与社会认知和语言有关的脑区，并且这些脑区之间的联系也受到了阻碍。因此，需要更广程度的多个脑区整合的活动很可能会受到特别的影响。

关于孤独症谱系障碍的神经化学问题也很盛行，多巴胺和血清素等递质吸引了更多的研究。在美国，抗精神病药物利培酮（Risperidone）被批准用于治疗孤独症谱系障碍，以控制情绪爆发和攻击性行为，但在英国该药物没有获批用于此目的。然而，医生可能因为额外的问题开具处方药，这时情况就变复杂了。这种情况在成人中进一步发生变化，正如坦普尔·格兰丁所描述的她自己使用一种温和的抗抑郁药物的经历。然而，格兰丁一定会赞同：使用药物来抑制情绪爆发会使人们难以理解导致情绪爆发的焦虑和其他感觉问题。自闭症协会定期对那些没有实证证据的“治疗”自闭症的疗法和药物提出警告。该组织在 2018 年 3 月提出了两种此类药物：GcMAF（一种未经许可的血液制品）和 MMS（一种漂白剂）。教师们如果想了解更多不合适或有害的自闭症疗法（每个学校当然都希望拥有这样一位适当知情的员工），应该看看威斯敏斯特自闭症委员会（Westminster Commission on Autism，2018）的报告：《针对自闭症的有害干预措施》（A Spectrum of Harmful Interventions for Autism）。

177 在结束本章时，我想重申一下，本章代表了我对在这里探讨的技能和疾病的相关问题的个人观点。它旨在提高人们对神经科学研究的内容和方法的认识，并加深人们对这些领域的理解。这些领域博大精深，许多研究正不断提出更多的问题。尽管这些发现和问题很少（如果有的话）直接转化为课堂策略，但我相信它们对教育工作者很有帮助。也许随着时间的推移，它们会为教育带来更直接的影响。

**总结 · 练习 · 思考**

- 通过阅读本章，你希望与同事讨论的第一个问题是什么？在这个领域是否有足够的核心要素来构成一个培训或专业提升课程？
- 鉴于教师面临的巨大压力和时间限制，你对本章开篇段落的最后两句话有何看法？
- 学校强调所有员工在培养学生读写和计算能力方面的责任。学校是否也应该更深入地研究阅读障碍和计算障碍？

## 术语表

**候选基因**（candidate gene）：研究遗传作用的一种方法，重点关注可能引发变异、疾病或特定性状的单个基因。不同于全基因组的研究。

**脑电图**（EEG；见第 1 章“成像”）：测量脑电活动的一种方法。脑电图通过附着在头皮上的电极收集电活动数据。

**功能性磁共振成像**（fMRI；见第 1 章）：一种追踪脑内血液流动的医学成像方法。通过这种方法可以看出个体在进行不同活动时，哪些脑区的血液流量增加。

**近红外光谱**（near infrared spectroscopy，NIRS 或 fNIRS)：一种利用近 178
红外光测量组织氧合水平的成像技术。有时与其他方法，如脑电图和功能性磁共振成像一起使用。

**顶叶**（parietal lobe；见第 4 章）：位于额叶的后面，包含初级体感皮质，对感觉信息的感知和管理至关重要。顶叶的其他功能还包括注意、空间和环境意识，以及言语。顶叶也被称为“联合区”，因为它整合了多种信息和行动。因此，顶叶损伤会影响人脑的一系列功能。

## 参考文献


Abraham, A. (2013) The promises and perils of the neuroscience of creativity. *Frontiers in Human Neuroscience* 7:246. https://doi.org/10.3389/fnhum.2013.00246.

Amaya, K. A. and Smith, K. S. (2018) Neurobiology of habit formation. *Current Opinion in Behavioral Sciences* 20: 145–152.

Ansari, D. and Lyons, I. M. (2016) Cognitive neuroscience and mathematics learning: How far have we come? Where do we need to go? *ZDM* 48(3): 379–383.

Brefczynski-Lewis, J. A., Lutz, A., Schaefer, S., Levinson, D. B. and Davidson, R. J. (2007) Neural correlates of attentional expertise in longterm meditation practitioners. *Proceedings of the National Academy of Sciences* 104 (27): 11483–11488.

Butterworth, B. and Varma, S. (2013) Mathematical development. In: Mareschal, D., Butterworth, B. and Tolmie, A. (eds) *Educational Neuroscience*. London: Wiley Blackwell.

Cortese, S., Kelly, S., Chabernaud, C., Proal, E., Di Martino, A., Milham, M. P. and Castellanos, F. X. (2012) Towards systems neuroscience of ADHD: A meta-analysis of 55 fMRI studies. *The American Journal of Psychiatry* 169 (10): 1038–1055.

Curtis, C. E., Cole, M. W., Rao, V. Y. and D’Esposito, M. (2005) Canceling planned action: An fMRI study of countermanding saccades. *Cerebral Cortex*

15: 1281–1289.

De Pisapia, N., Bacci, F., Parrott, D. and Melcher, D. (2016) Brain networks for visual creativity: A functional connectivity study of planning a visual artwork. Nature.com, *Scientific Reports 6*: article number 39185 (19.12.16).

Dehaene, S. and Dehaene-Lambertz, G. (2016) Is the brain prewired for 179
letters? *Nature Neuroscience* 19: 1192–1197.

Fern-Pollak, L. and Masterson, J. (2014) Literacy development. In: Mareschal, D., Butterworth, B. and Tolmie, A. (eds) *Educational Neuroscience*. London: Wiley Blackwell.

Gardner, H. (1983) *Frames of Mind: The Theory of Multiple Intelligences*. New York: Basic Books.

Howard-Jones, P. (2010) *Introducing Neuroeducational Research*. Abingdon: Routledge.

Izard, V., Dehaene-Lambertz, G. and Dehaene, S. (2008) Distinct cerebral pathways for object identity and number in human infants. *PLoS Biology* 6(2): e11.

Kohn, A. (1999) *Punished by Rewards*. New York: Houghton Mifflin.

Li, F., He, N., Li, Y., Chen, L., Huang, X., Lui, S., Guo, L., Kemp, G. J. and Gong, Q. (2014) Intrinsic brain abnormalities in attention deficit hyper-activity disorder: Resting-state functional MR imaging study. *RSNA Radiology* 272(2): 515–523.

Looi, C. Y., Thompson, J., Krause, B. and Kadosh, R. C. (2016) The neuroscience of mathematical cognition and learning. OECD Education Working Papers, No. 136. http://dx.doi.org/10.1787/5jlwmn3ntbr7-en.

McLean, A. (2003) *The Motivated School*. London: Paul Chapman.

McLean, A. (2009) *Motivating Every Learner*. London: Sage.

Medina, J. (2008) *Brain Rules*. Seattle: Pear Press.

Miyake, A., Friedman, N., Emerson, M., Witazki, A., Howerter, A. and Wagner, T. (2000) The unity and diversity of executive functions and their contributions to complex 'frontal lobe' tasks: A latent analysis. *Cognitive Psychology* 41: 49–100.

Onarheim, B. and Friis-Olivarius, M. (2013) Applying the neuroscience of creativity to creativity training. *Frontiers in Human Neuroscience* 7:656. https://doi.org/10.3389/fnhum.2013.00656.

Raffone, A. and Srinivasan, N. (2010) The exploration of meditation in the neuroscience of attention and consciousness. *Cognitive Processing* 11(1): 1–7.

Ritchie, S., Della Sala, S. and McIntosh, R. (2012). Colored filters in the classroom: A 1-year follow-up. *Mind, Brain, and Education* 6(2): 74–80.

Runco, M. A. and Jaeger, G. J. (2012) The standard definition of creativity. *Creativity Research Journal* 24(1): 92–96.

Saygin, Z. M., Osher, D. E., Norton, E. S., Youssoufian, D. A., Beach, S. D., Feather, J., Gaab, N., Gabrieli, J. D. E. and Kanwisher, N. (2016) Connectivity precedes function in development of the visual word form area. *Nature Neuroscience* 19: 1250–1255.

Seron, X. (2012) Can teachers count on mathematical neurosciences? In Della Sala, S. and Anderson, M. (eds) Neuroscience in Education: *The Good, the Bad and the Ugly*. Oxford: Oxford University Press.

180 Shaywitz, B. A., Skudlarski, P., Holahan, J. M., Marchione, K. E., Constable, R. T., Fulbright, R. K., Zelterman, D., Lacadie, C., and Shaywitz, S. E., (2007) Age-related changes in reading systems of dyslexic children. *Annals of Neurology* 61(4): 363–370.

Thomas, G. and Atkinson, C. (2016) Measuring the effectiveness of a mindfulness-based intervention for children's attentional functioning. *Educational and Child Psychology* 33(1): 51–64.

Vartanian, O., Bristol, A. S. and Kaufman, J. (eds) (2013) *Neuroscience of*

*Creativity*. Cambridge, MA: MIT Press.

Westminster Commission on Autism (2018) A spectrum of harmful interventions for autism. Available at: https://westminsterautismcommission.files.wordpress.com/2018/03/a-spectrum-of-harmful-interventions-web-version.pdf.

Willingham, D. (2009) *Cognition*. Upper Saddle River, NJ: Pearson Prentice Hall.

Zull, J. E. (2011) *From Brain to Mind*. Sterling, VA: Stylus Publishing.

# 第10章 展望未来

在本章我们将：

- 探讨有关教育神经科学未来的一些预测
- 考察可能开辟新领域的研究
- 讨论未来可能出现的一些伦理和规范问题

## 182 梦想，愿景，问题

我们在第 9 章曾提到泽维尔 · 塞龙写的有关数学神经科学的章节，他在其中写到他曾经做过的一个梦，也许是一个噩梦（Seron，2012）。梦中有一个虚构的“神经心理医学中心”，一位母亲和儿子来到了该中心。在使用一系列任务和复杂设备对儿子进行测查后，儿子的“神经认知档案”（neuro-cognitive profile）出炉了。母亲和儿子被告知儿子很可能擅长什么，永远不会擅长什么：他有可能患上蛇恐惧症，并且他对冲突情况的抑制控制能力较弱。随后他们与神经教育顾问进行了会谈。

这是一个梦想还是一个噩梦？不论你的观点如何，我都不认为这是教育神经科学的发展方向，我在本书中一直强调，神经科学不应该被看作解决所有教育问题和挑战的一站式解决方案。然而，它将继续做出重大贡献，并将继续发现新的探索之路。而且，神经科学与教育之间的合作对于改变教师的专业思维，改变课堂教学和研究方向都至关重要。改变的过程将是缓慢而曲折的，我不认为教育神经科学应该对学校运行方式的任何重大改革负责，至少就我在英国所见的情况而言是如此。在英国，有太多的因素限制了课堂教学改革的进度，例如当前的学业成绩压力、深层次的历史因素或财政方面的原因。这并不是说有进取心的学校领导和教师无法利用教育神经科学，而是说他们在这样做时会受到很多的限制。

与塞龙所写的章节类似的还有帕里西（Parisi，2012）所写的章节，帕里西讨论了基于西方化模式设计的西方学校及其他地区的学校，认为这是一个生态问题。他认为，由于学校的学习环境没有很好地适应“学校以外的社会中存在的心智生态（the ecology of the mind）”，“学校系统与人类心智的新生态”（p. 313）之间的失衡越来越明显。这种新生态的关键要
183 素是数字信息技术，帕里西认为它从根本上改变了学习在心理、社会和神经层面上的发生方式。他承认，学生的脑必须适应这种新生态，尽管它具有许多优点，但它也带来了新的问题。帕里西提出了许多问题，我将其中一些转述如下：

- 我们需要在头脑中存储多少信息？这种能力是否会在某种程度上被从数字资源中寻找新信息的新的心智能力取代（这种新的心智能力可能改变我们对智力差异的看法）？
- 如果是这样的话，我们如何使这一点与第 9 章讨论的创造力研究保持一致？（创造力研究表明，我们有意或无意地利用各种信息来生成创造性的想法和观点。）
- 这对其他认知能力有没有进一步的影响？全面转向数字化是否会影响注意、推理和记忆？
- 考虑到数字技术对视觉的影响，即数字技术能够通过口语以外的途径来传递信息，这会影响阅读和写作吗？它会对口语表达产生负面影响吗？
- 帕里西指出，现代技术"使每个人无论何时何地都能学习任何知识"（Parisi，2012，p. 314），那么，技术是否会影响教育的分层？至少在理论上是否会？我相信教师会一直存在，但关于教师应该做什么、什么时候需要教师、什么时候不需要教师，可能会有新的争论。

本书的多个章节都介绍了保罗 · 霍华德 – 琼斯的书，他本人也对教育神经科学的未来提出了一些发人深省的问题和预言。这些问题在第 1 章中已有简要介绍，但仍值得在这里进一步研究。霍华德 – 琼斯在其 2008 年的书中预测："到 2025 年可能出现基于神经科学成果的教育发展。"（Howard-Jones，2008，p. 15）。我写这本书的时间是 2018 年，现在探讨我们朝着这些预期目标取得了多少进展是一件有趣的事。本书前面的章节介绍了大多数进展，其中许多反映了取得这些变化的过程是多么缓慢。我将主要的建议总结如下：

- 认知神经科学的成果将提供新的数学教学方法，尤其是在幼年 184
阶段。
- 对青少年脑的研究将促使人们对这一特定群体采取更细致的教

育方案。

- 关于脑奖赏系统的知识将带来有关学生动机和参与的新观点。
- 针对不同学习需求的遗传和神经评估将被开发出来。
- 工作记忆等功能将成为培养目标，这类目标可能被纳入某些年龄段的国家课程。
- 类似地，执行功能的培养也可能被纳入年幼儿童的课程。
- 课程方面也将在有关脑功能知识的支持下，提升对心理健康的重视和理解。
- 越来越多的人将认识到体育锻炼与学业成绩之间的联系，最终体育锻炼将被纳入课程。在英国，这将在人们持续关注肥胖的背景下发生。
- 作为认知能力增强剂的药物的使用将变得越来越普遍，政府在干预方面将会犹豫不决。
- 不同类型的学习机构和不同的学习者在学习目标和方法上将会表现出更大的差异。
- 心理学将与部分神经科学一起重返教师培训和发展计划。
- 基于脑的学习科学概念将让位于神经教育研究，这将导致教育与神经科学专业人员的人数日益增多。
- 教育领域的政策制定和实践将越来越多地受到生物学知识的影响。

教育神经科学中心主任迈克尔·托马斯（Michael Thomas；见第 5 章）对教育神经科学做了三个短期和三个长期的预测。他的第一个短期预测是，起初教育神经科学将帮助我们更科学地理解为什么成功的教与学的方
185 法有效，“其贡献是理解起作用的机制”（Thomas，2013，p. 24）。他认为，这将证明教师的经验性知识在很大程度上是正确的，因而并不存在危险。他借用科学与医学之间的关系作为类比，科学对公共卫生的重大进步做出了贡献，并淘汰了仅仅基于民间经验的医疗程序。托马斯承认，这在某种

程度上简化了科学与医学之间的关系，但他接着说，通过神经科学加强对学习和教学机制的理解可能会提升教育效果。

在第二个短期预测中，托马斯淡化了“能彻底解决生命全程的教育改革问题的灵丹妙药”的观念（Thomas，2013，p. 24），并以一种更为慎重的方式提出，教育神经科学的影响将是一系列较小的发现的积累，这些研究结果很可能结合在一起才能发挥效果。这是他在 2018 年的“脑能做到”大会上重申的一个观点（见第 7 章）。托马斯的第三个短期预测是，刚开始有用的发现可能是一般性的结论，而不针对特定的课程领域。这或许是三个短期预测中最有争议的一点。

托马斯表示，他做出的三个长期预测更具争议性。第一，安慰剂效应可能在教育中起作用，这将阻碍对有效的教与学的因果机制的说明。这里托马斯比较了“有悖于生物系统作用机制”的疗法（Thomas，2013，p. 24），他引用了水晶疗法（crystal healing）和顺势疗法（homeopathy）作为例子，这两种疗法都同时拥有狂热的追随者和严厉的批评者。托马斯认为，由于存在类似的安慰剂效应或霍桑效应问题（见第 8 章），一些教育实践者可能不相信评估的结果。他指出另一个更复杂的问题在于，类似这些可替代疗法的教育方案本身可能按照自已的逻辑来引用神经科学的研究成果。我们已经遇到过根据不相关的神经科学研究提出教育建议的例子。

托马斯在早期的预测中指出教师不必担心教育神经科学可能揭示的东西，而他在第二个长期预测中推测，一些发现或成果可能对教师和神经科学家来说都有问题。他提出了四种可能的情况：

第一，教师的工作做得越好，学生的差异就越大（Thomas，2013，p. 186
24）。如果我们优化教学和学习环境，那么遗传差异就会更加显著。托马斯认为，一些教育界人士可能不太容易接受这个事实，因为对他们而言一个具有挑战性的目标是让学生达到相似的水平。遗传差异的出现可能表明学生具有不同的学习能力，托马斯列举了数学和语言两个例子。作为对学生潜能的部分回应，学校应该鼓励教师培养学生的能力，而不是追求课程其他方面的效果。

第二，“理想的教学需要对儿童进行完整的基因分型。”（Thomas，2013，p. 25）与近年来时而流行的一些个性化学习概念相比，这是一种更为科学的个性化学习概念。托马斯指出，如果遗传差异表明特定方法对不同个体的效果不同，那么我们必须面对基因型带给我们的不安和历史焦虑。我们将在下文介绍行为遗传学家罗伯特·普洛明的观点时进一步讨论这个问题。

第三，就像医学治疗可能有副作用一样，“干预（也）可能带来副作用”（Thomas，2013，p. 25）。神经科学将阐明这些副作用，以帮助学生及其监护人做出有关教育干预的决策。托马斯使用了工作记忆的例子。一种旨在增强工作记忆的干预方案可能会对记忆的其他方面产生副作用。

第四，“并非孩子的所有能力都像教育工作者期望的那样可以被改变。”（Thomas，2013，p. 25）贝茨（Bates，2012）也提出了类似的观点，即脑的**可塑性**问题。托马斯提到了当前流行的有关个体动机和个体能力观的看法。这些无疑都是影响成就的因素，但托马斯提醒人们，目前旨在加强这些因素的教学方法忽视了这些因素的遗传性证据。

托马斯的第三个长期预测是教育神经科学将在教师培训中发挥作用。基于对教育机制的深层次理解，他提出另一个医学上的类比：

> 187 假设你要去看医生，并且你需要从以下两个医生中选择一个：第一个熟记症状清单及其相应的治疗方法，第二个理解疾病导致症状的原因以及治疗起作用的原因。你会选择哪一个？（Thomas，2013，p. 25）

后面我们在“个人评论”标题下还会涉及教师培训的问题。

我不在这里对上面的观点进行逐一评论，不过，我建议读者自己在本章结尾的“总结·练习·思考”中做这件事。霍华德－琼斯在较早的一篇文章中揭穿了一些“教育进步”的真相（Howord-Jones，2008，p. 12），它们至少部分借助了神经科学的成果作为证据。神经科学似乎确实可以帮助我们看到某些教育理念的缺陷，这些理念有可能成为新的**神经迷思**。这再次指向了合作：理想情况是每一所学校都知道应该从何处获取专业知识，以鉴别教育方法和教育产品所宣称的神经科学原理。

## 伦理和规范

新技术和全新的神经生物学和遗传学个人信息的使用肯定会带来伦理和规范方面的问题。霍华德－琼斯以及阿什伯里和普洛明（Asbury & Plomin，2014）都曾提到**神经预测**的发展，这种发展要想变成现实，关于这些预测的规范就需要继续加强。在 2016 年的一次采访中，普洛明提到，作为一名行为遗传学家，如果不能使用基因信息来识别一个孩子可能在阅读或其他方面遇到的困难，而只能在问题出现后再做出回应，就是没有意义的。他认为，利用基因筛查帮助识别学习和心理健康风险是一种经济有效的做法，他将其称为“一种预防性、预测性的途径”，这种途径具有预测性，但没有决定性。他清楚贴标签等做法的危险，热切地指出预测将有助于干预措施的制定。普洛明发现教育领域对遗传学持谨慎和怀疑态度，他将其描述为：

> （这是）反遗传思维的最后一潭死水。它甚至都不是反遗传的， 188
> 就好像遗传学根本不存在一样。我想让教育界人士讨论遗传学，因为遗传影响的证据不胜枚举。他们感兴趣的东西——学习能力、认知能力、童年时期的行为问题——都是行为领域最具遗传性的东西。然而这就像爱丽丝梦游仙境一样，你去参加教育会议，却发现好像不存在遗传学这回事。（Edge.org，2016）

就普洛明希望在教育领域取得的遗传学进展而言，教师和家长的焦虑问题还没有得到妥善的解决。在同一次采访中，普洛明评论说，行为遗传学没有在教师的培训或继续专业发展中发挥影响。

我在前面已经提到，我们需要有关神经预测的明确规范，或许我们首先应该考虑它引发的伦理问题。我认为这里有两个基本的考虑事项。首先是对个人的神经数据的保护，其次是对研究结果的潜在滥用。这一直是生物技术领域存在的问题。巴塞尔大学（University of Basel）的生物伦理学家一直在努力解决这个问题，现在已经提出一个有关神经技术生物安全的框架（Ienca et al.，2017）。他们最担忧的是“双重用途”问题，正如细菌研究遇到的情况一样：发源于公共卫生的研究已被用于军事用途。他们提出的框架指出，任何禁止带有军方资助的神经科学研究的做法都可能阻碍一系列治疗方法的发展，并继续呼吁为神经科学制定具体的伦理准则，以及在研究群体中展开进一步的辩论。教育神经科学同样需要这样的持续性辩论，教师需要在这样的辩论中发声。下一部分将探讨一些新兴的技术和研究，它们既带来了激动人心的可能性，也带来了教育神经科学辩论必须考虑的问题。

## 新的进展

正如我之前的评论（见第 5 章），神经科学每天都涌现出新的可能性。
189 人们很容易对一些研究结果可能引起的改变生活的进步失去理智。要跟上这些进展的脚步，我们需要停下来考虑其更广泛的影响，以及伦理框架的必要性。我可以列出数百个进展和正在进行的研究的例子。限于篇幅，下面我从教育的角度选取一些引起我注意的例子。我不清楚应该在什么平台上讨论这些新出现的伦理问题，或者目前是否存在这样的平台来进行这种跨学科的辩论。

### 单细胞脑刺激

这个过程不使用电极或经颅磁刺激。相反，它采用比一粒盐还小的微小磁线圈刺激单个细胞。这项技术正在美国宾州材料研究所（Penn State Materials Research Institute，USA）进行研发，负责人是斯里尼瓦斯·塔迪各达帕（Srinivas Tadigadapa）和史蒂夫·希夫（Steve Schiff)。他们相信这项工作可能带来治疗抑郁症的新方法。鉴于人们对儿童心理健康的认识和关注与日俱增，在考虑未来使用这类治疗方法时，教育会在其中发挥什么作用？

## 脑发育图

我们可能会习惯于用图表来展示预期的身体发育，或者展示预期的儿童和青少年能力测试的水平范围，但是教育工作者对**内在连接网络**（intrinsic connectivity networks）图表的看法如何？这些图表将提供有关人脑功能、组织和成熟的指导，并可能对注意方面的问题进行提醒。凯斯勒等人（Kessler et al.，2016）正在对此进行研究。相关的工作包括研究全脑联结，即不相邻的神经元之间的联结。这项研究是众多希望进一步了解自闭症的探索之一。

## 影响智力的脑结构定位和基因

最近一项对78308个个体的元分析提出了对“影响人类智力的脑结构定位和基因”的进一步阐述（Sniekers et al.，2017）。斯尼克斯（S. Sniekers）和她的团队相信他们的研究为“智力的遗传结构”带来了新的曙光。教师应该如何在这一认识与神经可塑性的对立观点之间获得平衡？教师在支持 190
学生的志向方面应该起到怎样的作用？这一认识又有何启示？人们可以很容易看到这样的遗传信息如何被滥用，变成决定性的信息。更复杂的是，有人认为基因可能表明我们对神经可塑性的期待只能发生在部分儿童身上（Bates，2012）。

## 恢复积极的记忆（RAM项目）

这项大型合作的最终目的是通过设计和制造一种可植入装置来改善记

忆，从而帮助那些因脑外伤而记忆受损的人。该设备的潜在用户包括但不限于军事人员，还可能包括痴呆症患者，正如该项目网站的介绍：它“可能为多种疾病的患者提供帮助”(http://memory.psych.upenn.edu/RAM)。如果这个项目获得成功，并证明这种设备安全有效，那么对一些年轻人来说，这种设备在某些情况下能起到什么作用呢？如果这将成为事实，会不会有人认为这些年轻人将拥有不公平的优势，就像前面关于注意缺陷多动障碍的药物治疗的说法一样？

## 智能手机脑扫描仪

有了与智能手机结合的头戴式脑电装置，现在不使用大型设备就能进行脑部扫描了。虽然智能手机没有大型系统的计算能力，但它们确实提供了便携性和在“日常”环境中扫描脑的机会。假以时日，技术上的困难将逐一化解。此类设备在学校中有什么用途？它们在为有残疾的学生提供支持这一方面有潜在的用途。这些设备是否适用于某种形式的监控？这可能会很有价值，例如它们可以显示注意的高峰和低谷，显示不同学生的注意之间的差异，显示一组学生在解决同一问题时脑的不同激活，等等。是否有可能监控学生的心理努力程度？如果可能的话，这些信息有没有可能被滥用？丹麦的一个研究小组的负责人阿卡迪乌斯·斯托普钦斯基（Arkadiusz Stopczynski）提供了关于智能手机脑扫描的技术和软件的概述，不过，该研究小组在论文中没有探讨伦理问题（Stopczynski et al., 2014）。

## 191 神经反馈

智能手机脑扫描仪的一个可能的用途是神经反馈。关于神经反馈，已有广泛的说法，它们认为神经反馈提供了一种监测和控制多种疾病的手段。作为一种替代疗法，它拥有大量的从业者，其中很小一部分拥有神经科学背景。然而，研究人员质疑神经反馈被标榜的效用仅仅是一种安慰剂效应，同时也提出了对神经反馈治疗费用的担忧。蒂博和拉兹（Thibault

& Raz，2016）提出，神经反馈要想被划定为真正的临床治疗方案，就必须能证明三件事：它必须通过单独的随机对照试验，证明自己在被标榜有效的**每一种条件**下，至少与已有的临床治疗方案一样有效；它必须证明自己比安慰剂更有效；它必须能够清楚地说明自己产生效用的机制。神经反馈已被用于治疗注意缺陷多动障碍。英国一家注意缺陷多动障碍神经反馈治疗机构“英国脑训练”（BrainTrainUK）在其网站上列出了以下价格（引用日期：2018 年 5 月）：首次面谈 75 英镑，评估和方案设计 120 英镑，后续疗程每次 90 英镑（建议 20 次）。面对正在考虑这项选择的焦虑的家长，你会做出怎样的回应？

## 个人评论

到目前为止，我想读者应该很清楚，尽管教育神经科学具有挑战性和复杂性，但我相信它值得教育工作者投入时间、精力，并开展合作。它应该成为帮助教师促进教学实践发展及增进其对学习的理解的众多学科中的一门常用学科。我们在前面遇到过这样的观点，认为神经科学不能帮助我们制定有效的课堂策略（Bowers，2016）。也许从直接的意义上说的确不能，但我相信神经科学与其他相关学科一起，能够提供并且确实提供了影响教师观念的见解。这必然会对教师的课堂教学产生一定程度的间接影
响。技术的进步可能带来新的发现，影响我们对学习的看法。例如，施韦 192
特及其同事（Schwerdt et al.，2016）的研究使用了一种设备，可以在亚细胞水平上记录纹状体内不同位置的神经递质多巴胺的活动。这项研究并没有超出对动物脑的研究，但有可能极大地丰富我们对多巴胺在学习和习惯形成中的作用的理解，并有助于开发治疗帕金森病等疾病的方法。

正如我们在第 7 章所看到的，我相信研究性学校（school as a research-rich environment）的概念令人振奋，它对教师、学生乃至社区和社会都是有益的。在信息以前所未有的速度增长的时代，直接认识研究和

参与研究应该成为教育的优势特征。

无论在对良好研究的质量和实践的认识方面，还是在理解和参与围绕教育神经科学的争论方面，这对教师和教师培训都有启示。在英格兰，目前相关人员主要通过提供符合**教师标准**（Teachers' Standards；Department for Education，2012）的证据来取得合格的教师资质（Qualified Teacher Status，QTS），这一过程很少参考甚至完全不参考研究结果，也没有参考小规模研究的经验，尽管人们可以寄希望于应聘者在本科阶段已经初步了解了这些研究领域。英格兰的许多教师培训都期待能够纳入研究要素，尤其是能体现大学－学校合作伙伴关系的教育学研究生证书（Postgraduate Certificate in Education, PGCE），但在英格兰取得合格教师资质的各种途径之间存在巨大的差异。许多学校的研究活动都有良好的发展态势，我对此表示赞赏，并希望它继续发展下去。我们在第 7 章中看到，参与研究的学校需要在校内人员的时间和精力等众多竞争性需求中，选择将研究作为优先事项。各国政府和教育部长需要处理相互竞争的需求和优先事项。试图努力跳出不良考察类别的学校往往觉得研究活动是一种奢侈，没有足够
193 的时间去做，然而有人可能会说，这些学校恰恰是能够从参与研究中获得最大长期效益的对象。许多公立学校发现自己正在努力应对所谓的“创新过载”问题，即新的政策和期望带来了沉重的负担，而不是学校工作的改善。如果我们要认真对待学校研究，就必须让学校更容易也更乐意将研究作为优先事项。

正如我们已经看到的，学校与大学之间发展长期的双向关系对于创造共同的目标和共同的教育神经科学语言至关重要。迈克尔·托马斯在本章开头提出一种观点，认为教育神经科学即将取得永远改变教育的突破性进展。我想我们应该超越这种观点，我认为自 20 世纪开始这种观点就已站不住脚，它可能导致一些教育工作者失去耐心并得出“该领域将永远无法兑现这样的‘承诺’”的结论。相反，我们愿意从研究中学习一些小知识，将这些小知识有效地、合乎伦理地应用于课堂实践，进而促使教师为进行中的合作提供进一步的反馈。

我们在前面提到了保罗·霍华德－琼斯的观点，即学校对兼具教育和教育神经科学专业知识的新型混合型人才的需求与日俱增。一些学校已经开始接受配备首席研究员的想法，理想情况下他将是一个具有研究经验并对教育有深刻理解的人，这是朝着霍华德－琼斯所倡导的方向迈出的一步。霍华德－琼斯并非孤军奋战。谢里登等人（Sheridan et al.，2005）在《神经伦理学》（*Neuroethics*）一书有关教育的一章中指出：“在未来几年中，教育工作者和公众将越来越频繁地从神经科学的发现中寻找教育年轻人的最佳方法。”（p. 265）他们接着说：

> 建议建立一类新的职业群体：神经教育家（neuro-educators）。神
> 经教育家的使命是以符合伦理的方式将神经认知科学的进展引入教育
> 领域，这种方式充分关注并建设性地利用个体差异。这些神经教育
> 家的专业技能将使他们能够识别出与特定教育目标最相关的神经认 194
> 知科学进展，然后将基础领域的科学发现转化为更广泛的有用知识，
> 从而为新的神经协会（neurosociety）提出新的教育政策提供支持。
> （p. 265）

目前，英国的许多学校似乎不太可能雇用这样一个人，但一些有创新精神的学校也许可以在合作的基础上做这件事——与大学合作也是一条路径。这并不是说所有教育领域的发展都将或应该来源于与神经科学领域的合作，而且在上面的建议被提出之后，也尚未证实情况的确如此。奇怪的是，在新的第一版的同样名为《神经伦理学》（Illes，2017）的书中，尽管出自同一个编者，但其中仅包含了有关儿童的章节，而没有与教育有关的章节。或许这反映了更为谨慎的预期。有趣的是，加德纳与迈克尔·康奈尔（Michael Connell）和扎卡里·斯坦因（Zachary Stein）在另一本书中写道：“教育科学植根于教育者的脑和思想中。”（Connell et al.，2012，p. 283）。

2014 年，平查姆（H. L. Pincham）等一群将自己定位为教育神经科学

家的优秀的年轻研究人员描述了他们的设想：“用一条与现有路径平行的、更强大的、独特的教育神经科学高速通道来取代教育与神经科学之间的现有桥梁”（Pincham et al.，2014，p. 28）。他们拒绝继续使用布鲁尔（Bruer，1997）“遥不可及的桥”的著名说法，尽管他们承认转化问题一直存在。他们概述了建立教育神经科学高速通道的四个阶段。他们认为这个四阶段设计是将研究人员与教师的想法汇集在一起的首次尝试。

在第一阶段，该小组提出，教育需求要由教师和研究人员来共同确定。教师在不同的职业发展阶段可能会提出不同的需求。研究者将针对这一点检索已有的相关研究。

在第二阶段，研究者提出一个研究方案，旨在检验能够在课堂上进行评估的神经科学发现的实用性。小组成员指出：“教育神经科学家必须与教育工作者合作，从而充分利用教育工作者丰富的关于课堂实践及草拟方案的可行性的实践性知识。”（Pincham et al.，2014，p. 29）

在第三阶段，神经科学的研究结果将在课堂上得到验证，其明确目标
195 是“改善教育实践或提升学生表现”。这个过程将从小规模试验发展到大规模的随机对照试验。

第四阶段是“合作性反思”（Pincham et al.，2014，p. 30），包括交流和评估研究结果。由于该模型是一个闭环，因此这一阶段的结果将回到第一阶段形成新一轮的循环。

该小组认为，随着越来越多的研究者对教育神经科学感兴趣，并将其视为自己的专长，而不再把自己看作对教育感兴趣的神经科学家，或者对神经科学感兴趣的教育工作者，转化的问题将不复存在，学科之间的“桥梁”的概念也将变得“多余”（Pincham et al.，2014，p. 31）。

对于这个看似毫无问题且在我看来值得欢迎的合作愿景，帕尔加特等人（Palghat et al.，2017）可能会加上一两个警告。他们的担忧在于教育工作者和教育神经科学家可能具有完全不同的假设，这意味着模型可能还需要一个预备阶段。在这个预备阶段，合作双方将探讨各自的假设和看重的方面，达成更清晰、更深入的相互理解。正如帕尔加特等人的解释：

“不同的世界观使跨学科工作变得有价值。然而，也正是这些差异形成了学科之间进行有效沟通的主要障碍。”（Palghat et al.，2017，p. 204）虽然教育工作者和教育神经科学家很可能没有时间去考虑太多有关“世界观”的哲学问题，但他们仍有必要进行一些重要讨论并达成共识，例如，对合作双方来说“证据”究竟意味着什么。帕尔加特等人将观点和假设的这种“同化”称为一个“难题”（Palghat et al.，2017，p. 204），并提供了能够促进这一过程的两个框架。第一个是艾根布罗德等人（Eigenbrode et al.，2007）提出的合作科学的哲学对话框架（framework for philosophical dialogue for collaborative science），第二个是多诺霍和霍瓦特（Donoghue & Horvath，2016）的抽象概念框架（abstracted conceptual framework），它们可以帮助合作者确定能够达成共识的核心领域。

## 结语

虽然这部分是本书这一章的结语，但我认为在这个不断发展的领域里没有结语或最终的结论。我们探讨了一系列问题（每一个问题都能写一本书），还探讨了数百名研究者的工作、数百个研究项目的成果。还有成千 196
上万的研究者和成果同样值得我们关注。

如果你关注社会媒体中的教育，你会发现存在观点两极分化的趋势。这对某些事情来说可能是完全正确的，我们都可以想出一些我们认为不利于教育的东西，对此我们不希望站在态度含糊的中间立场上。但是，把关于教育神经科学的争论两极化为简单的“赞成或反对”没有益处。争论存在于领域内部。我们已经到了这样一个阶段：脑科学知识无处不在，新的发现越来越多，因此教育工作者忽视所有这些信息是不合时宜的，这样做很可能使迷思继续存在，并且导致新的迷思被创造出来。认为神经科学不能指导课堂教学是一种过分简单化的说法，这不能作为否定神经科学的理由，尽管有时这是一个方便的理由。教育神经科学会一直陪伴我们，但这并不意味着每一位教师都应该成为神经解剖方面的专家，我们知道，相比于了解神经解剖学知识，技能和品性对优秀教师来说更加重要。正如我在前言中所说的，我并没有把解剖学知识作为本书的单独章节来介绍。大量其他作者远比我更擅长介绍解剖学知识。我所遇到的许多神经科学的信息都超出了我的专业理解能力，但这并不意味着我不应该努力去理解神经科学的趋势。关于教师应该知道哪些脑科学知识，哪些知识会成为教师专业知识更新、专业讨论和专业发展的要素，在这里我表达了我的个人观点。我乐观地认为，随着时间的推移，璀璨的成果就在前方，每一项成果都将经过有依据的怀疑和批判性的检验，伴随怀疑和批判的还有对新观点的开放态度，以及与那些日渐增多的教育神经科学家合作的意愿。教师在没有知识的情况下无法做到这一点，我们也不应该期待他们能做到。这是我接下来要谈的问题——教师如何才能理解所有这些知识？无论存在什么样的差距和不足，我希望本书能够帮助教师在理解这些知识上更进一步，同时帮助神经科学家理解一名教育工作者（这里指我自己）是如何谨慎地理解脑与教学的。

197 **总结 · 练习 · 思考**

- 距离 2025 年只有几年的时间了，你对保罗 · 霍华德 – 琼斯预测的景象以及其他人对未来的预测有何看法？
- 你认为教师在本章倡导的伦理辩论中能够起到什么作用？

## 术语表

**可塑性**（plasticity；见第 2 章“神经可塑性”）：脑不断建立新联结并重新组织现有联结的能力。

# 参考文献


Asbury, K. and Plomin, R. (2014) *G is for Genes*. Chichester: John Wiley.

Bates, T. (2012) Education 2.0: Genetically-informed models for school and teaching. In: Della Sala, S. and Anderson, M. (eds) *Neuroscience in Education: The Good, the Bad and the Ugly*. Oxford: Oxford University Press.

Bowers, J. S. (2016) The practical and principled problems with educational neuroscience. *Psychological Review*. Published ahead of print 3.3.16. http://dx.doi.org/10.1037/revoooo25.

Bruer, J. (1997) Education and the brain: A bridge too far. *Educational Researcher* 26(8): 4–16.

Connell, M. W., Stein, Z. and Gardner, H. (2012) Bridging between brain science and educational practice with design patterns. In: Della Sala, S. and Anderson, M. (eds) *Neuroscience in Education: The Good, the Bad and the Ugly*. Oxford: Oxford University Press.

Department for Education (2012) Teachers standards. Available at: www.education.gov.uk/publications (accessed 03.05.17).

Donoghue, G. M. and Horvath J. C. (2016) Translating neuroscience, psychology, and education: An abstracted conceptual framework for the learning sciences. *Cogent Education* 3(1): article number 1267422 (21.12.16).

Edge.org (2016) Why we're different: A conversation with Robert Plomin. 29.5.16. Available at: www.edge.org/conversation/robert_plomin-why-were-different (accessed 11.12.16).

Eigenbrode, S. D., O'Rourke, M., Wulfhorst, J., Althoff, D. M., 198
Goldberg, C. S., Merrill, K., Morse, W., Nielsen-Pincus, N., Stephens, J. and Winowiecki, L. (2007) Employing philosophical dialogue in collaborative science. *BioScience* 57(1): 55–64.

Howard-Jones, P. (2008) Potential educational developments involving neuroscience that may arrive by 2025. *Beyond Current Horizons*, December.

Ienca, M., Jotterand, F. and Elger, B. (2017) From healthcare to warfare and reverse: How should we regulate dual-use neurotechnology? *Neuron* 97(2): 269–274.

Illes, J. (ed.) (2017) *Neuroethics: Anticipating the Future*. Oxford: Oxford University Press.

Kessler, D., Angstadt, M. and Sripada, C. (2016) Growth charting of brain connectivity networks and the identification of attention impairment in youth. *JAMA Psychiatry* 73(5): 481–489.

Palghat, K., Horvath, J. C. and Lodge, J. M. (2017) The hard problem of educational neuroscience. *Trends in Neuroscience and Education* 6: 204–210.

Parisi, D. (2012) Schools and the new ecology of the human mind. In: Della Sala, S. and Anderson, M. (eds) *Neuroscience in Education: The Good, the Bad and the Ugly*. Oxford: Oxford University Press.

Pincham, H. L., Matejko, A. A., Obersteiner, A., Killikelly, C., Abrahao, K. P., Benavides-Varela, S., Gabriel, F. C., Rato, J. R. and Vuillier, L. (2014) Forging a new path for educational neuroscience: An international young-researcher perspective on combining neuroscience and educational practices. *Trends in Neuroscience and Education* 3: 28–31.

Schwerdt, H. N., Kim, M. J., Amemori, S., Homma, D., Yoshida, T., Shimazu, H., Yerramreddy, H., Karasan, E., Langer, R, Graybiel, A. M. and Cima, M. J. (2016) Subcellular probes for neurochemical recording from multiple brain sites. *Lab on a Chip*.

Seron, X. (2012) Can teachers count on mathematical neurosciences? In: Della Sala, S. and Anderson, M. (eds) *Neuroscience in Education: The Good, the Bad and the Ugly*. Oxford: Oxford University Press.

Sheridan, K., Zinchenko, E. and Gardner, H. (2005) Neuroethics in education. In: Illes, J. (ed.) *Neuroethics: Defining the Issues of Theory, Practice and*

*Policy*. Oxford: Oxford University Press.

Sniekers, S., Stringer, S., Posthuma, D. et al. (2017) Genome-wide association meta-analysis of 78,308 individuals identifies new loci and genes influencing human intelligence. *Nature Genetics* 49: 1107–1112.

Stopczynski, A., Stahlhut, C., Larsen, J. E., Petersen, M. K. and Hansen, L. K. (2014) The smartphone brain scanner: A portable, real-time neuroimaging system. *PLoS ONE* 9(2): e86733.

Thibault, R. T. and Raz, A. (2016) When can neurofeedback join the clinical armamentarium? *The Lancet Psychiatry* 3(6): 467–498.

Thomas, M. (2013) Educational neuroscience in the near and far future: Predictions from the analogy with the history of medicine. *Trends in Neuroscience and Education* 2: 23–26.

# 索　引

各词条后所列数码为英文版原著页码，即本书边码。

出 版 人　李　东
责任编辑　赵琼英
版式设计　郝晓红
责任校对　翁婷婷
责任印制　叶小峰

**图书在版编目（CIP）数据**

教师应该知道的脑科学 /（英）乔恩·提布克（Jon Tibke）著；王乃弋等译 .—北京：教育科学出版社，2021.9（2024.11 重印）

书名原文：Why the Brain Matters: A Teacher Explores Neuroscience

ISBN 978-7-5191-2676-6

Ⅰ . ①教… Ⅱ . ①乔… ②王… Ⅲ . ①脑科学 Ⅳ . ① Q983

中国版本图书馆 CIP 数据核字（2021）第 148738 号

北京市版权局著作权合同登记 图字：01-2021-5395 号

**教师应该知道的脑科学**
JIAOSHI YINGGAI ZHIDAO DE NAOKEXUE

| 出版发行 | 教育科学出版社 | | |
|---|---|---|---|
| 社　　址 | 北京·朝阳区安慧北里安园甲 9 号 | 邮　　编 | 100101 |
| 总编室电话 | 010-64981290 | 编辑部电话 | 010-64981280 |
| 出版部电话 | 010-64989487 | 市场部电话 | 010-64989009 |
| 传　　真 | 010-64891796 | 网　　址 | http://www.esph.com.cn |
| 经　　销 | 各地新华书店 | | |
| 制　　作 | 北京浪波湾图文设计有限公司 | | |
| 印　　刷 | 三河市兴达印务有限公司 | | |
| 开　　本 | 720 毫米 ×1020 毫米　1/16 | 版　　次 | 2021 年 9 月第 1 版 |
| 印　　张 | 14.75 | 印　　次 | 2024 年 11 月第 6 次印刷 |
| 字　　数 | 206 千 | 定　　价 | 45.00 元 |

图书出现印装质量问题，本社负责调换。

Why The Brain Matters
By Jon Tibke